U0805666

全国测绘地理信息职业教育教学指导委员会
测绘地理信息高等职业教育“十三五”规划教材

近景摄影测量

主　编　雷　闪
副主编　刘　辉　黄莉萍　孙　琤
主　审　李宗春

黄河水利出版社
·郑州·

内容提要

本书共分为六章，其主要内容如下：第一章绪论，介绍近景摄影测量的相关概念以及发展，与航空摄影测量相比，其特点以及应用现状；第二章讲述近景摄影测量的摄影技术；第三章为近景摄影测量的基础理论知识；第四章讲述基于近景摄影测量的三维重建技术；第五章介绍了近景摄影测量的常用软件，并对其应用领域进行了较为详细的阐述；第六章结合实际生产，提供了较为丰富的近景摄影测量应用案例。

本书可供高职高专工程测量技术、测绘地理信息等专业的教学使用，也可作为测绘类专业从业人员的参考书籍及测绘类专业本科教材使用。

图书在版编目(CIP)数据

近景摄影测量/雷闪主编. —郑州：黄河水利出版社，2020.1

全国测绘地理信息职业教育教学指导委员会测绘地理信息高等职业教育“十三五”规划教材

ISBN 978-7-5509-2338-6

Ⅰ.①近… Ⅱ.①雷… Ⅲ.①近景摄影测量-高等职业教育-教材 Ⅳ.①P234.1

中国版本图书馆 CIP 数据核字(2019)第 077817 号

组稿编辑：陶金志　电话：0371-66025273　E-mail：838739632@qq.com

出 版 社：黄河水利出版社　网址：www.yrcp.com

地址：河南省郑州市顺河路黄委会综合楼 14 层　邮政编码：450003

发行单位：黄河水利出版社

发行部电话：0371-66026940、66020550、66028024、66022620(传真)

E-mail：hhslcbs@126.com

承印单位：河南承创印务有限公司

开本：787 mm×1 092 mm　1/16

印张：10.25

字数：250 千字　印数：1—4 100

版次：2020 年 1 月第 1 版　印次：2020 年 1 月第 1 次印刷

定价：38.00 元

前　言

随着普通数码相机的普及，计算机视觉技术、图像处理技术和空间信息技术的发展，近景摄影测量技术得到了快速的发展，其被摄物种类丰富，应用领域多种多样，并具有无限的应用拓展性。而“近景摄影测量”作为一门极具抽象性和严密逻辑性，且实践性强的课程，在测绘地理信息类专业中具有重要的地位。但是，目前面向职业院校的近景摄影测量教材较少或较陈旧，在科技飞速发展的今天，新理论、新方法如雨后春笋，急需更新一本新的教材以满足行业发展和职业教育的需求。

本书立足于测绘地理信息行业需求，在总结前人知识的基础上，紧密结合现代生产实践，从专业性和实用性角度出发，对近景摄影测量基础理论知识进行了较为全面的讲解，包括近景摄影测量的基本概念、摄影技术相关知识、像片解析相关概念以及几种常用的解析处理方法和如何建立控制场等，最后附以各类应用案例，方便读者结合实践进行学习。整书深入浅出，通俗易懂，图文并茂，强化应用；同时，紧跟行业发展趋势，保证内容的新颖性、案例的多样性，与职业教育理念相适应，为教师教学、学生自主学习提供完整的教学方案，满足教育教学需求。

本书的编者有教学经验丰富的一线教师以及具有广泛生产经验的工程设计人员，具体由河南测绘职业学院遥感工程系雷闪任主编，华北水利水电大学测绘与地理信息学院刘辉、武汉华宇世纪科技发展有限公司黄莉萍、中兵勘察设计研究院有限公司孙琤任副主编。具体编写人员及编写分工如下：第一章由黄莉萍编写；第二章由刘辉编写；第三章、第四章由雷闪编写；第五章、第六章由孙琤编写，全书由解放军信息工程大学的李宗春审稿，由雷闪统稿。

本书可以作为职业院校测绘地理信息类相关专业的教材使用，亦可作为工程技术人员和研究人员的参考书籍。由于编者水平有限，书中难免存在不足及不妥之处，敬请读者批评指正。

编　者

2019 年 9 月

目 录

第一章 绪 论

第一节 概 述

一、摄影测量的定义与分类

(一)摄影测量的定义

摄影测量(photogrammetry)是利用非接触传感器系统获得的影像,经过处理、分析、研究和量测,获取被摄物体的形状、大小、位置、特性以及相互关系的技术。从1839年尼普斯和达意尔发明摄影术算起,摄影测量已有170多年的历史。国际摄影测量与遥感学会(International Society of Photogrammetry and Remote Sensing,ISPRS)在1988年的日本京都第16届大会上对摄影测量与遥感的定义是:对非接触传感器系统获得的影像及其数字表达进行记录、量测和解译,从而获得自然物体和环境的可靠信息的一门工艺、科学和技术。简而言之,摄影测量就是通过摄影影像进行测量。如图1-1所示,对摄影机获取的影像进行测量与解译,以得到目标物的几何形状、纹理信息及空间位置。所以,摄影测量是研究影像信息的获取、处理、提取和成果表达的一门信息科学,三维空间信息的获取、处理和表达是摄影测量的主题。

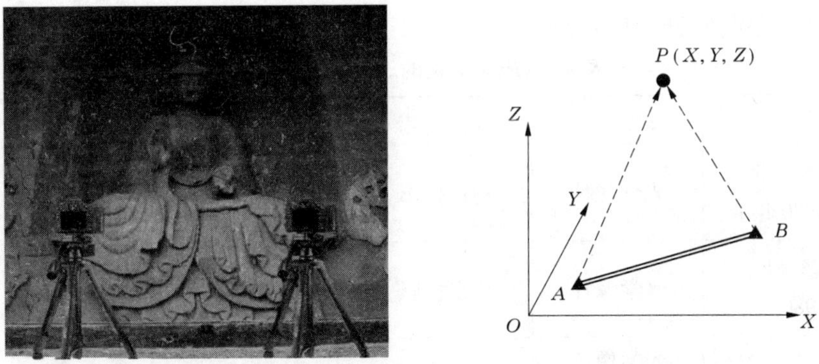

(a)摄影 (b)测量

图1-1 摄影测量步骤

(二)摄影测量的分类

1. 按摄影距离分类

摄影测量按摄影距离的远近可分为航天摄影测量、航空摄影测量、地面摄影测量、显微摄影测量。

2. 按应用领域分类

根据应用领域的不同,摄影测量可分为地形摄影测量与非地形摄影测量两大类。地形摄影测量主要用于测绘国家基本地形图,工程勘察设计用图,国土资源调查及规划用图,城镇、交通等领域的规划及资源调查用图并建立相应的资源数据库;非地形摄影测量是指将摄影测量的技术运用在地质灾害应急处理、变形监测、环境监测、植物生长监测、物体运动状态的测定、工业检测、建筑工程、文物保护工程、地质工程、生物医学等领域。

3. 按技术处理手段分类

根据摄影测量的不同的技术处理手段或不同的发展阶段可分为模拟摄影测量、解析摄影测量、数字摄影测量。模拟摄影测量是通过用光学或机械法模拟摄影过程,使两个投影器恢复摄影时的位置、姿态和相互关系,形成一个与实物相比缩小了的几何模型,在此模型上进行量测即相当于对原物进行量测,量测结果通过机械传动至绘图桌可绘出地形图或专题图。1954 年,世界上第一台电子计算机问世,1957 年,海拉瓦博士提出解析测图仪的思想,标志着解析摄影测量的开始,到 20 世纪 70 年代末至 90 年代初是解析摄影测量发展的鼎盛时期。解析摄影测量是利用计算机实时地进行共线方程解算,交会得到被摄物体的空间位置、几何形状等信息,并能以数字测绘产品表达呈现。解析摄影测量是以数字投影替代了模拟摄影测量的基于光学 - 机械的物理投影,主要基于解析立体测图仪和解析空中三角测量而实施,首次实现了测量结果的数字化,使得非地形测量不再受模拟测图仪的制约,为包括近景在内的摄影测量的实际应用打开了丰富的想象空间。数字摄影测量是在解析摄影测量的基础上进一步发展而来的,基于数字影像和摄影测量的基本原理,运用计算机技术、数字影像处理、影像匹配、模式识别、专家系统等多学科的理论和方法,获取被摄物体的用数字方式表达的几何信息与物理信息的一门学科。数字摄影测量系统具有实时数据获取和处理的能力,能自动化进行内定向、相对定向、自动建立数字高程模型(DEM)、制作正射影像(DOM)等几何处理,半自动处理地物的测绘。因此,地物目标的自动提取方法的研发能使数字摄影测量系统真正自动化,必将极大地推进数字摄影测量的实际应用。摄影测量的三个发展阶段的特点如表 1-1 所示。

表 1-1　摄影测量的三个发展阶段的特点

发展阶段	原始资料	投影方式	仪器	操作方式	产品
模拟摄影测量 (1851 ~ 1970 年)	光学像片	物理投影	模拟测图仪	作业员手工 (人工)	模拟产品
解析摄影测量 (1950 ~ 1980 年)	光学像片	数字投影	解析测图仪	机助作业员 操作	模拟产品 数字产品
数字摄影测量 (1970 年至现在)	光学像片 数字化影像 数字影像	数字投影	计算机 + 数字 摄影测量系统	自动化操作 + 作业员干预	数字产品 模拟产品

二、近景摄影测量的定义与任务

近景摄影测量(close-range photogrammetry)是摄影测量与遥感(photogrammetry and remote sensing)学科的一个分支,是通过近距离摄影目标影像以确定被摄物体的几何形状、大小、空间位置、纹理信息和运动状态的科学和技术。一般将摄影距离在 100 m 以内(由于数码相机特别是单反数码相机技术的快速发展，也有观点认为将摄影距离在 300 m 内的）的摄影测量称为近景摄影测量，包括工业摄影测量、建筑摄影测量、生物医学摄影测量等。工业检测、勘测设计、生物医学、考古、建筑学等领域中的各类目标都可以是近景摄影测量的研究对象。

摄影机、遥感、计算机及网络通信技术等的飞速发展，为近景摄影测量的影像获取带来了极大的便利，应用领域十分广泛，测量目标对象也是多种多样、千差万别。在地形测量领域主要是提供高精度大比例尺的地形图、特种地图、正射影像图、不规则三角网 TIN 景观图及专题图等。在非地形测量领域，主要应用于变形监测、工业检测、生物医学、数字文博、刑侦及交通事故现场信息采集以及种类丰富的三维重建等。

一般而言，凡可摄取其影像的目标，均可作为近景摄影测量的对象，以获得其点群的三维空间坐标，以及基于这些三维空间坐标的长度、面积、体积、等值线（剖面线）乃至数学表面模型（DSM）、数字高程模型（DEM）、数字正射影像（DOM）、数字线化图（DLG）等。近景摄影测量一般用于非地形测量，但近年来单反数码相机技术及无人机技术的飞速发展，为近景影像的获取提供了便利，加之光束法平差、多片立体匹配技术、自动空中三角测量（简称自动空三）等技术被运用到近景摄影测量数据的量测与解译，都极大地突破了近景摄影测量的应用瓶颈，实际工程中近景摄影测量也被广泛用于大比例尺地形图的生产。从地面到低空，从静态到动态，从近距（100 m 以内）到远距，近景摄影测量迎来了无限的应用空间，实现了“所拍即所得”。

近景摄影测量的处理手段包括模拟法、解析法和数字近景摄影测量。以 lensphoto 为代表的数字近景摄影测量系统在理论机制、数据采集方式以及创新性地将自动空三、光束法平差、多片立体匹配技术应用到近景数据的量测与解译处理，使近景摄影测量的数据处理流程自动化程度大大加强。新的理论机制：数字近景摄影测量以计算机视觉替代了传统的双目视觉，表现在数据处理流程上能实现工程影像的批量处理及模型的自动化连接，并且更有利于测量精度的提高。新的数据获取方式：数字近景摄影测量采用了全新的旋转多基线的数据采集方式，能接受较大的远近景之差，使近景能很好地满足工程测量的应用需求，克服了以往拍了影像不一定能处理得到结果的不确定性，做到“所拍即所得”；自动空三及光束法平差在数字近景摄影测量中的应用，使数据处理解析实现了高度自动化；以张祖勋院士的多片立体匹配技术为代表的全新的多片立体匹配技术为数字近景摄影测量的应用拓展打开了想象的空间。自身理论的飞速发展以及影像采集设备、控制测量设备及空间信息技术的发展，使得数字近景摄影测量在地形摄影测量与非地形摄影测量中应用更加广泛。

三、数字近景摄影测量作业流程

近景摄影测量的作业流程如图 1-2 所示，包括数据采集、数据处理及数据输出三个主要步骤。数据采集一般指拍摄影像和控制测量。数据处理是将采集到的影像及控制点数据通过近景摄影测量系统进行人机交互处理，得到被摄区域（物）的几何形状、大小、空间位置及纹理信息。数据输出是根据用户及用图单位的需要，生产出各种各样的测绘产品，如常见的 4D 产品，以及立体景观图、立体透视图、立体模型、各种工程设计所需的三维信息、各种信息系统与数据库所需的空间信息和三维信息等系列数字测绘产品。

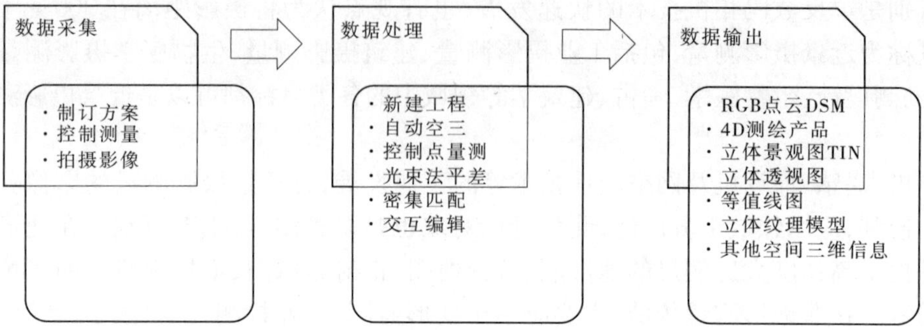

图 1-2　近景摄影测量的作业流程

四、数字近景摄影测量系统

数字近景摄影测量系统的任务是利用数字影像完成摄影测量作业。根据所处理的影像是部分数字化还是全部数字化可分为混合型数字摄影测量系统与全数字型数字摄影测量系统。在全数字型数字摄影测量系统中,若从影像获取到影像处理获取目标的三维信息是在一个视频周期(1/30 s)内完成的,则属于实时型数字摄影测量系统。数字近景摄影测量系统就是用以量测解析近景影像数据并输出数字及目视测绘产品的计算机软件系统。

(一)数字近景摄影测量系统主要功能

数字近景摄影测量系统主要功能包括:相机检校、影像预处理;单像量测:特征提取与定位;多像量测:影像匹配;摄影测量解算:空中三角测量等;数字表面内插:如 DEM 建立等;等值线自动绘制;机助量测与解译;交互编辑等。

1. 相机检校

相机检校模块提供两种检校方式:控制场检校和平面格网检校。控制场检校利用高精度的三维室内控制场对相机进行精确标定,用于高精度的近景摄影测量。如果没有控制场检校条件,则可利用程序在液晶显示器上自动生成的平面格网进行检校,可满足中、低精度的近景摄影测量需求。

2. 影像预处理

影像预处理模块主要对摄影数据进行整理,将影像模块操作界面按条带和模型顺序进行排列,生成系统所需的测区工程文件,其余各模块均通过工程文件进行数据交换。

3. 全自动空三匹配

全自动空三匹配模块可对测区数据进行全自动匹配与转点,并在操作界面上显示匹配结果,对自动匹配失败的模型通过人工给定种子点后可重新进行匹配。

4. 控制点量测

控制点量测模块提供立体量测(红绿立体、闪屏立体)和最小二乘匹配两种模式进行控制点的量测,如果控制点为标准的标志牌,还可进行模板匹配。当测区自由网构建完成以后,量测 4 个以上控制点并进行区域网平差,即可进行其余控制点的预测。

5. 全自动区域网平差

完成全自动转点并量测完所有控制点后,平差模块可对测区数据进行全自动区域网平差(构建测区自由网、绝对定向、自检校光束法平差),并输出平差精度报告。

6. DSM 匹配

DSM 匹配界面与空三匹配界面相同,只是匹配前需引入空三得到的内、外方位元素才可进行核线约束匹配。

7. 点云生成

DSM 匹配完成以后,可利用空三成果对匹配点进行多片前交生成三维点云。在多片前交时可进行粗差点剔除。点重叠度越大,粗差点越容易剔除,因此在生成点云时可设置输出点云的重叠度阈值。

8. 点云的三维显示与立体编辑

由于仅仅靠区域网平差难以完全剔除密集点云中的粗差点,因此软件提供可对点云进行编辑的“立体编辑”模块。“立体编辑”模块除可对点云进行三维显示和立体编辑外,还可根据编辑好的点云自动生成“等深线”(深度值相同的等值线,相当于航空摄影测量中的等高线)、自动生成 TIN 并内插 DEM,进而可生成三维 TIN 景观图和正射影像图。

点云三维编辑提供两种方式进行粗差点的剔除——人工剔除粗差点和基于三角网滤波的自动粗差点剔除。人工剔除粗差点:在三维浏览环境下,人工从不同视角查找粗差点,并通过鼠标操作“圈”出自动剔除粗差点。

9. 三维 TIN 景观图

经过编辑的三维点云可构建 TIN,进而利用 TIN 内插 DEM。在生成三维 TIN 景观图和正射影像时,需根据被摄目标物方点在各影像上的投影坐标,选择反投像点离像主点最近的最佳投影影像进行纹理映射,而不能采取航空影像的正射纠正方法,即利用摄影中心在 *XOY* 平面上的投影点划分采样单元。并且,在构建 TIN 和生成 DEM 时,首先要根据摄影的深度方向进行最佳投影面的选取,而不能像航空摄影测量一样将投影平面固定为 *XOY* 平面。

10. DEM 编辑与正射影像

与构建 TIN 相同,在由 TIN 内插 DEM 时,要根据深度方向选择 DEM 的投影平面,当 *Y* 方向为深度方向时,则 DEM 的投影平面应为 *XOZ* 平面。同时,为了得到更精细的 DEM,可在原始立体像对上对 DEM 进行立体编辑,如平面拟合、二次曲面拟合、平滑、平均高程(深度)、定制平面等。

11. 测区拼接

如果被摄目标体积庞大或者结构复杂,需要通过几组摄影数据才能拍摄到目标的全部几何与纹理信息(如室内三维重建),则可将摄影区域进行“分区”处理,最后利用“测区拼接”模块和控制点将各子测区自动拼接到同一坐标系下。

12. 数字测图

数字测图模块读入空三成果可对地面摄影数据进行数字测图。新的近景测图软件无须生成核线影像,可在原始影像上进行立体测图,不仅减少了冗余的中间文件,而且减少了数据处理的时间,提高了作业效率。

13. 数字及目视产品输出

正射影像与 DEM 可按测绘标准格式输出,而三维点云、等深线和立体添加的特征线,可导出 CAD 软件和 CASS 软件的数据格式,进而可进行土方量计算、绘制断面图和工程设计等更多工程应用。

(二)数字近景摄影测量系统输出的主要数字及目视测绘产品

数字近景摄影测量系统输出的主要数字及目视测绘产品有:空中三角测量加密成果;数字表面模型,如数字地面模型 DEM、RGB 点云 DSM;数字线划图,如数字地图 DLG;数字正射影像图 DOM;TIN 景观图;透视图;数字线描图;立体模型;各种工程设计所需的三维信息;各种信息系统、数据库所需的空间信息和三维信息等。

第二节 近景摄影测量的发展现状

近景摄影测量按照对影像的处理手段划分也经历了与航空摄影测量一样的模拟近景摄影测量、解析近景摄影测量和数字近景摄影测量三个发展阶段。模拟近景摄影测量的应用从 20 世纪 20 年代一直持续到 70 年代解析近景摄影测量的产生,模拟近景摄影测量与解析近景摄影测量共存直至 21 世纪初数字近景摄影测量的真正出现。数字近景摄影测量不仅摄影简单,数据处理也高度自动化,操作便捷、丰富可靠的目视化数字成果使其具有凸显的应用价值。应该指出,在模拟和解析阶段,近景摄影测量的发展是完全紧随航空摄影测量的发展,在数据采集及数据处理上大都延用了航空摄影测量的处理方式,缺乏针对近景特性的具体的解决方案。近景摄影测量发展到数字近景摄影测量阶段也滞后于数字航空摄影测量多年,这主要是由两者的摄影方式及目标物的差异所致。在近景摄影测量已发展到数字近景摄影测量的现在,了解数字近景摄影测量的研发历程,有利于深刻地认识数字近景摄影测量的本质以及能更好地运用数字近景摄影测量技术。

一、近景摄影测量的历史发展阶段

(一)模拟近景摄影测量

模拟法摄影测量是指用光学原理和机械原理模拟出像对在拍摄时的空间相对位置关系,从而在光学机械仪器视场中恢复物方的立体模型,以手轮脚盘移动测标切着模型表面进行地形图绘制。实际上这只是模拟法中的立体测图部分(如瑞士 Wild A10 立体测图仪),此外还有纠正仪(正射影像)、立体坐标量测仪(坐标量测)、刺点仪(控制点标刺)等。这些仪器主要是针对航空摄影设计的,因而将它们应用于近景摄影测量进行照片后处理过程往往烦琐,致使效率十分低。但是因为它的精度非常高,模拟近景摄影测量也常被采用,多应用于非地形测量。

(二)解析近景摄影测量

解析近景摄影测量的发展受益于电子技术的发展,它利用物方与像方的几何相对关系算法解算出相对于照片的物方空间方位,恢复立体模型进行测图,即用计算机解算出左右像片定向的方位元素,直接进行相对定向和绝对定向。不再像模拟法那样由人眼判断左右像片同名点去摇动手轮脚盘,用半天时间去完成一个像对的定向。这已经是一个很大的进步。立体测图仪在配备了模型记录功能后可毫不费力地实现坐标转换、面积和体积的计算。计算可在机助立体测图仪上以脱机的方式进行,也可在带自动绘图桌的数字立体测图仪上联机进行(如西德 C120 解析测图仪)。解析近景摄影测量提高了近景摄影测量内业处理的效率。

(三)数字近景摄影测量

数字近景摄影测量与模拟近景摄影测量、解析近景摄影测量的最大区别在于:它处理的原始信息不仅可以是像片,更主要的是数字影像或数字化影像;它最终是以计算机视觉代替人眼的立体观测,其产品是数字形式的,而传统的产品只是该数字产品的模拟输出。回顾近景摄影测量数字化的发展过程,它可以分为两个发展阶段:单基线数字摄影测量工作站(digtal photogrammetric workstation,DPW)阶段和多基线数字近景摄影测量阶段。前者属于照搬数字航空摄影测量,仍是单模型处理;后者解决了数字化瓶颈技术并实现全自动化,从本质上实现了近景摄影测量真正意义上的数字化。相比较于模拟近景摄影测量和解析近景摄影测量,数字近景摄影测量可谓发生了划时代的变化。

二、数字近景摄影测量方式的演变

(一)单基线数字近景摄影测量

回顾近景摄影测量的模拟和解析阶段不难看出,二者完全是基于航空摄影测量技术而发展的。20 世纪 90 年代末,航空摄影测量实现了数字化,以数字摄影测量工作站 DPW 替换了以往昂贵的模拟和解析的设备。近景摄影测量也随之进入了 DPW 阶段,但与数字航空摄影测量 DPW 相比较,近景摄影测量却没有能和航空摄影测量一样进入全数字自动化,反而在这一阶段处于落后于航空摄影发展的瓶颈状态。它在很长一段时期几乎停滞不前,究其原因是地面摄影测量的摄影方式在很多情况下完全不同于航空摄影的单基线的规则摄影,所以无法直接采用航空摄影测量的单基线的数字化模式。基于近景摄影测量的交向摄影特点,DPW 时期的近景摄影测量采用的是直接线性变换法(见第三章第三节),通过线性方式直接从像空间坐标变换到物空间坐标,在很多情况下不一定要从 11 个独立参数中分解出影像内、外方位元素,而是依靠这些系数直接求解空间坐标。这就避免了进行内定向,也不需要通过其他方式获取影像外方位元素初值,大大方便了测量。但是,这种方法只能进行单模型处理,无法进行模型间平差,因此其实质仍然还是双目视觉的单模型处理法,并且每张影像需要 6 个以上的控制点来求解 11 个参数,这对于进行大区域近景摄影测量来说显然效率低下。同时 11 个参数之间存在相关性,往往容易导致求解的不稳定,当控制点分布不理想时,易出现病态解,影响待定点的物方求解精度。这种线性变换方法既无法实现自动化,也因为直接线性变换求解精度受限制。这个时期的数字近景 DPW 的主要代表是 Virtuozo 和 JX4 中的近景模块。由于交向摄影对交会角有严格要求,这些近景模块经常因摄影条件无法满足相对定向而导致解析失败,即使能定向成功也是精度低、效率低。因此,世界上的摄影测量专家都在努力求解一种数字近景摄影测量的解决方法。但多年都受阻于数字近景摄影测量的关键技术难题——摄影交会角、精度、影像匹配三者之间的矛盾。

(二)多基线数字近景摄影测量

影像自动化匹配的理想交会角为 5°~10°。但是为了保证交会精度,交会角应越大越好,但不能超过 90°。如何能使交会角既能满足保证影像匹配的“小”,又能满足保证测量精度的“大”呢?解决此难题的多基线数字摄影测量理论(如旋转多基线摄影方式,如图 1-3 所示)的含义是:在保证最大交会角的同时,中间增加摄站,保证相邻影像间的交会角不超过 10°。这样通过多基线交向摄影获取的序列影像,相邻影像间的交会角小,影像变形小,易于匹配;同时,通过相邻影像间的匹配和点的传递,保证了被摄物体在所有影像上的最大交会角。满足高精度的要求;匹配利用其中小交会角影像,测图是利用大交会角影像。Lensphoto多基线数字近景摄影测量系统独创的旋转多基线的摄影方式能同时获取“大”“小”交会角的工程影像,各取所需地满足交会精度和影像匹配的不同要求。

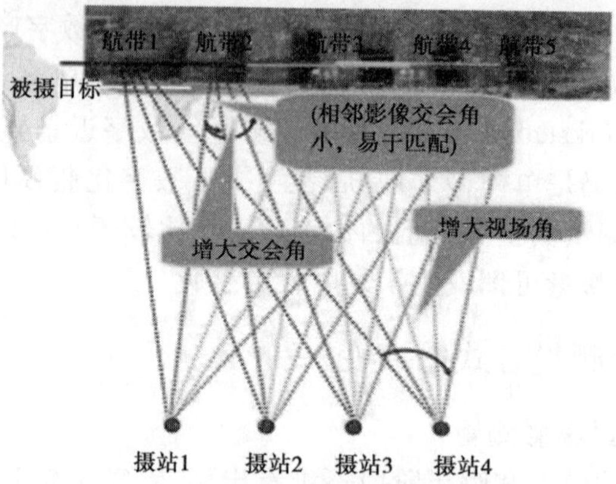

图 1-3　旋转多基线摄影方式

多基线数字近景摄影测量的技术实质是采用“以小搏大,以多博少”的策略,通过对同一目标增加摄影基线,即多个小交会角利于匹配,而整体摄影交会角变大,提高近景摄影测量的交会精度,通过旋转摄影增加摄影视场角,同时利用多基线立体匹配和区域网平差技术,利用自检校光束法平差实现对相机进行“在线检校”,实现了对近景数据的全自动处理。因此,多基线理论不仅解决了近景摄影测量的影像交会角与匹配、精度之间的技术瓶颈问题,而且为近景摄影测量实现自动化扫除了障碍。

旋转多基线交向摄影通过对同一被测对象增加影像交会角和摄影基线个数能够提高交会精度,同时摄影基线个数的增加可以带来多余观测值,从而提高平差的精度与可靠性。对于较远距离的地形测量,采用旋转多基线摄影方式,可以提高测量精度,并且实现处理过程的全自动化。对同一被测对象采用 3 个以上的摄站(两条摄影基线以上),摄站间距(基线长)大致取摄影距离的 1/10 以保证最佳交会角。在每个摄站旋转相机镜头拍摄,曝光时保证相邻两张照片间重叠度在 70% 以上,以能完全覆盖被测对象为止。图 1-4 所示共设 4 个摄站,每站旋转拍摄 5 张影像覆盖全测区。

每个摄站、相同顺序号影像构成航带;同航带的相邻影像构成像对。而同一摄站旋转摄影有几张影像则构成几个不同的航带。这种摄影方式获取的影像,同一条带内的影像可以构成立体,并能够通过相对定向与模型连接建立单条带的自由网;由于条带间的重叠度大,因此有足够多的连接点可用于条带间的拼接。这样,旋转多基线交向摄影中的条带就与传统航空摄影测量中的航带概念等同了起来。比照航空摄影测量,利用传统的区域网三角测量,用少量的外业控制点来整体解算测区内所有影像的外方位元素。在建立测区自由网之前,需要利用影像匹配技术按模型顺序和条带顺序进行匹配,称为“立体匹配”,并在模型间和条带间进行点的传递,得到影像间的定向点和连接点,称为“转点”。由于旋转多基线摄影的序列影像是严格按摄影规范进行拍摄的,因此影像间和条带间的重叠度变化很小,这样就有可能利用影像匹配技术实现近景影像的全自动转点。多基线摄影测量通过点的传递,实现了匹配的自动化、整体化,结束了近景摄影测量的单模型处理时代,实现了近景摄影测

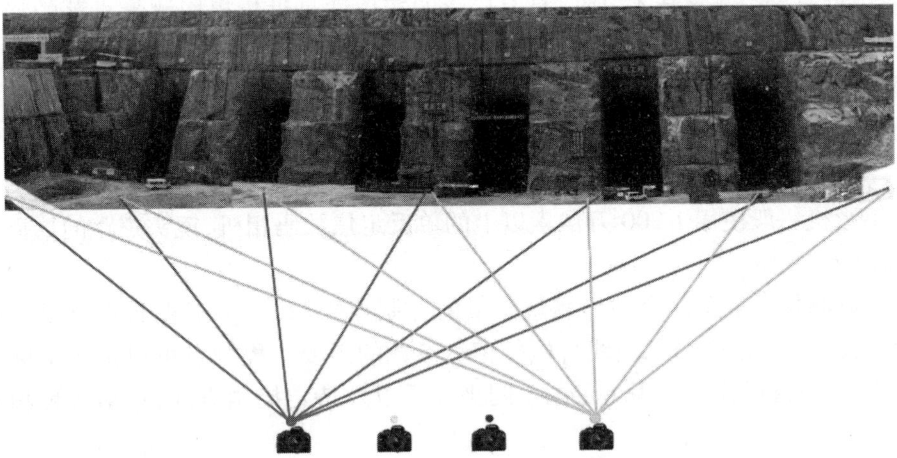

图 1-4 旋转多基线交向摄影

量的自动化处理。

(三)广义点摄影测量

点的共线性是摄影测量的基本概念,但是摄影测量所涉及的点仅仅是物理的点或可视的点,如圆点、交点、角点等。无论是模拟数字摄影测量还是解析数字摄影测量,甚至是数字摄影测量阶段,都可以由人工量测的主要基本特征是物理的点,因而对它的摄影测量可以称为点摄影测量。但在现实世界中还存在着大量的直线和曲线,如建筑测量,工业零件测量中的直线、圆、圆弧、曲线等。在数学上,所有这些直线和曲线都是由点组成的,因此可以将点、直线、圆、圆弧、任意曲线以及无穷远点(灭点)归纳为一个数学模型:共线方程,进行统一平差,这便是广义点摄影测量的基本思想。

第三节 近景摄影测量的特点

多基线数字近景摄影测量系统面世之前,一般认为,近景摄影测量的主要任务是用于非地形测量,航空摄影测量则用于地形测量。但是,现代多基线数字近景摄影测量系统 lensphoto 早已被广泛应用于水利电力领域复杂的地形测量之中,例如,在川藏边境的定曲河案例中,由于地理条件复杂,摄影距离超过了 1 500 m,采用地面旋转多基线交向摄影影像及通过随后的近景摄影测量系统的数据处理得到 1:500 的线划地形图。类似的运用数字近景摄影测量系统解决复杂地区的大比例尺地形图的测绘案例很多。因此,原则上只要能拍得被摄物影像的对象就能运用近景技术进行测量与解析,摄影距离的约束随着摄影机技术的发展而逐渐被淡化。当然,近景摄影测量由于被摄对象、摄影方式、摄影设备以及成果数据等方面相较于航空摄影测量具有多样性及复杂性,因此在影像采集、控制测量、数据处理技术及实际应用中都有其显著的特点。

一、近景摄影测量的应用特点

近景摄影测量不像实施流程比较单一的航空摄影测量的应用那样以测制地形图为常规目的。近景摄影测量的测量对象种类丰富、五花八门、千差万别,一般而言能获取影像的对象都能使用近景摄影测量技术，所以具有广泛的实用性是近景摄影测量显著的特点。要很好地运用近景摄影测量技术获取被摄物的精确的几何信息、物理信息及空间位置，必须了解以下所述的近景摄影测量的相关应用特点：

(1)摄影方式包括正直(平行)摄影、交向摄影、旋转多基线交向摄影、倾斜摄影等多种摄影方式。

(2)摄影机一般使用1 200万像素以上的单反定焦数码相机，镜头焦距的选择一般根据摄影距离而定。

(3)控制测量一般采用全站仪测量少量的控制点坐标，一个工程需6个以上均匀分布的控制点，满足光束法平差和在线自检校相机参数的需要。控制点可以是人工标志或自然特征点。特定的目标物可选用特定的空间坐标系以及特定控制方式，包括各种相对控制方式的应用。

(4)目标纵深尺寸与摄影距离之比远远高于航空摄影测量。

(5)近景摄影测量的实施方案具有很强的针对性，摄影目标、摄影环境、成果数据要求等都是制订具体拍摄方案的约束条件，所以说，近景摄影测量对于影像拍摄人员的技术要求很高，拍好工程影像对于近景摄影测量的数据处理至关重要。

(6)近景摄影测量是通过拍摄影像及随后对影像的量测与解析而获取被摄物几何、物理及空间信息的科学，其本质是从二维影像提取三维信息。所以，近景摄影测量能便捷地获取物体可靠的三维信息，是一种信息的获取手段，服务领域十分广泛。完成任何一种非地形测量的近景摄影测量任务，几乎无一例外地需要近景摄影测量工作人员与该任务相关的学科专业人员进行跨学科的通力合作，充分了解、满足其应用需求。

(7)能测定动态目标，包括快速运动的目标和运动状态的测定。

(8)近景摄影测量的目标对象、成果数据的多样性对影像匹配的要求高于航空摄影测量，张祖勋院士的多片立体匹配技术就是针对近景摄影测量的应用特点而研发的，能很好地满足近景摄影测量千差万别的数据处理需求。

(9)近景摄影测量通过摄影影像进行测量，无须接触被摄物，是一种免接触的测量方式。

二、近景摄影测量技术自身的优势与缺陷

(一)近景摄影测量技术自身的优势

近景摄影测量相对于其他三维测量技术，其优势表现在：无须接触物体本身，通过拍摄影像可瞬间获得被摄物体的大量几何信息和物理信息，且作为信息载体的影像能重复使用，便于存储及调用；免接触性的测量方式，不伤及、不干扰被摄物的自然状态，既能很好地保护被摄物体，例如在作为文物保护的数字摄影技术，其免接触性就很好地避免了对文物的损毁，还有在困难区域及复杂恶劣条件下的免接触性有利于外业数据的获取；另外，针对动态目标运用多部相机同步拍摄，近景摄影测量可以测定动态物体外形和运动状态，适合于动态目标测量。例如，潮汐、火焰、枪弹的速度及运动轨迹，运动员动作的记录与分析，机械部件振动过程的测定，动物运动状态等。近景摄影测量技术能高效、直观、低投入地解决各类物体运动状态的测定、记录与分析；近景摄影测量能提供相当高的可靠性测定成果及千分之一

至百万分之一的相对精度;实时近景摄影测量基于数字信息、数字影像技术以及自控技术的手段能深入到工业生产流程之中,成为工业产品分类、导向、监测、装配和自动化生产以至于智能生产的重要组成;能提供基于三维空间坐标的丰富的数据产品,包括各类数据、图形、图像、数字表面模型及纹理模型等。鉴于以上优点,近景摄影测量突出的特点就是应用广泛。凡能获取其影像的各类被摄物,都可以运用近景摄影测量技术测定其形状、大小和运动参数。世界各国的应用情况表明,现在几乎找不到未使用近景摄影测量技术的行业,可以说,近景摄影测量的应用十分广泛。

(二)近景摄影测量技术自身的缺陷

任何技术都不可能解决所有的应用问题,都不可避免地有其缺陷。近景摄影测量技术的不足之处表现在:当不能获得质量合格的影像及待测量点数稀少时,对所测量目标并非最佳技术选择;近景摄影测量属于摄影测量的范畴,摄影测量的匹配是基于特征的匹配,因此对于纹理单一的目标物(如白墙、玻璃等)难以获取足够的三维点;近景摄影测量获得绝对坐标必须通过控制点,要进行控制点测量。目前,控制点测量的方式是使用全站仪或经纬仪,近景数据处理结果的绝对精度取决于控制点的量测精度,相对于自动化很高、数据采集简单的现代数字近景摄影测量技术而言,全站仪、经纬仪的控制点测量是数字近景摄影测量数据处理流程中未实现自动化的步骤。为了提高绝对定向的精度及实现数据处理的自动化,目前出现了利用激光扫描仪的点作为摄影测量控制的实施方法。此外,近景摄影测量具有较高的技术要求,需较昂贵的设备和高素质人员,这在某种程度中也制约了其发展速度。

三、近景摄影测量与航空摄影测量的比较

近景摄影测量和航空摄影测量同属于摄影测量的范畴,两者的基本理论原理相通;处理方法也都经历了从模拟处理法、解析处理法到数字处理法;在摄影测量仪器设备的使用上两者也有相通之处。就工作任务而言,航空摄影测量多被用于地形测量,近景摄影测量随着数码相机及无人机技术的发展进步,近年来也常常被应用于小范围大比例尺的地形测量,此外,近景摄影测量在非地形测量中有着广泛的应用,其目标对象种类丰富,数据成果也是种类繁多,所以近景摄影测量具有比航空摄影测量更丰富的应用范围。航空摄影测量与近景摄影测量之间的比较如表 1-2 所示。

近景摄影测量与航空摄影测量的相同点在于:基本原理、经历的模拟处理方法、解析处理方法、数字影像处理方法基本相同,一些摄影测量仪器、设备的使用相同。不同点在于:①测量目的不同。航空摄影测量以测制地形、地貌为主,注重其绝对位置;近景摄影测量在很多情况下以测定目标物的形状、大小和运动状态为目的,并不注重目标物的绝对位置。②被测量目标物不同。航空摄影测量目标物以地形、地貌为主;近景摄影测量目标物各式各样、千差万别。③目标物纵深尺寸与摄影距离比的变化范围不同。④摄影方式不同。航空摄影为近似竖直摄影方式;近景摄影除正直摄影方式外,还有交向摄影方式等。⑤影像获取设备不同。⑥控制方式不同。航空摄影测量的控制方式以控制点为主,且多为明显的地面点;近景摄影测量除控制点方式外,还有相对控制方式,且常使用人工标志。⑦近景摄影测量适合动态目标。

表 1-2 航空摄影测量与近景摄影测量比较

项目	航空摄影测量	近景摄影测量
基本原理	双目观测原理	双目观测原理、多基线原理
处理方法	自动化	自动化
影像获取设备	航空数码相机	非量测相机
内业摄影测量仪器	模拟,解析	模拟,解析
测量任务	地形测量	非地形测量、大比例尺地形测量
测量对象	大地	各种各样不同对象
目标物纵深尺寸与摄影距离比的变化区间	非常微小,忽略不计	影响很大
摄影方式	平行	交向,平行
控制方式	地面特征点	人工标志,自然特征点

四、近景摄影测量与 LiDAR 的比较

激光雷达即激光探测与测距(light detection and ranging,LiDAR),作为一种三维空间信息的实时获取手段,在 20 世纪 80 年代末取得了重大突破。根据载体以及应用环境的不同可分为星载 LiDAR、机载 LiDAR、地面 LiDAR 和舰载 LiDAR 等。激光扫描作为一项新的信息获取手段,它能够快速地获取目标精确的数字表面模型以及地面物体的三维坐标。近景摄影测量与三维激光扫描都能获取目标对象的数字表面模型,但两者在应用上存在一定的差异。

LiDAR 获取点云数据快,且分布均匀密集。但被扫描对象边缘和特征处质量不足,单站精度高,多站扫描点云精度因搬站产生的拼接误差积累而受较大损失。近景摄影测量获取的点云均匀度不及 LiDAR,但点云能明显地表达对象的特征,且数据冗余少,点云精度受制于控制点精度,不受移动摄站的影响。

近景摄影测量在文物保护与数字考古应用方面体现出较大优势。在文物保护和数字考古的三维重建技术中,数字近景摄影测量的优势是成本低、效率高、精度高,特别是效率优于 LiDAR,原因在于激光扫描仪扫出的所有点是激光在目标物上的反射点,与目标物的影像无直接关系。通过激光点构网建立模型后,照片上的纹理信息需要人工干预进行逐一配准贴上模型,复杂而麻烦。而近景摄影测量技术生成的点,是由影像本身匹配而得的,点云中的点与影像纹理一一对应。运用摄影测量匹配点构网建立模型后,可以一键式全自动整体纹理映射到模型上。

第四节 近景摄影测量的应用概述

一般,凡可拍摄影像的目标物,均可运用近景摄影测量技术处理,以获取被摄物点群的三维空间坐标,基于这些三维空间坐标能获知其几何现状、尺寸信息、纹理信息及动态目标的运动状态等,用于非地形测量和高精度大比例尺的地形测量。近景摄影测量技术已经有五六十年的历史,近年来,近景摄影测量应用领域日益广泛,遍及文物保护、变形监测、生物、

医学、城市规划、地质、采矿、冶金、结构变形等方面，其发展前景十分广阔。国内，近景摄影测量技术在近十余年内有较大的发展，中南大学的曾卓乔教授提出了近景摄影测量的许多新理论新方法，并于 20 世纪 80 年代率先将摄影测量的 P－H 算法从德国引入国内；武汉大学的李德仁、冯文灏对数字化摄影测量的理论研究做出了许多卓有成效的工作。

近景摄影测量技术最早被应用于建筑测量，其中在文物古迹遗存的测绘中广泛运用到近景摄影测量技术，如我国著名的世界文化遗产大足石刻、麦积山石窟、龙门石窟、云冈石窟等都采用了近景摄影测量技术实施石窟造像的数字信息采集，为文物保护、研究及弘扬展示提供了精准、可靠的数据支持。近景摄影测量因其高精度、操作便捷等特点在各类变形监测及困难区域的工程测量上也有着广泛的实际应用。有学者指出，近景摄影测量的应用比猫的命都多，能拍摄到影像的对象，数字近景就能获取其测量结果——所拍即所得。近年来，近景被越来越多地实际应用到各种测量难题的解决，俨然成为了一种先进的测量模式。

根据不同的应用精度要求，近景摄影测量可分为高精度应用和中低精度应用。高精度应用如机械构件的尺寸量测、飞机外形测量；汽车、航天飞机的设计、安装和调试过程中的测量；在文物保护中，对古建筑物文物进行三维量测及重建，大型船舰推进器叶片的外形测定等。中低精度的应用主要在工程建设领域，例如对大坝结构、隧道内部结构的量测，以及对整个施工过程的监测，快速地提供土石方量成果，生成各种比例尺的地形图；对交通事故现场进行快速测量，进行现场复原以准确分析事故成因。尤其是随着数码技术的发展，普通数码相机因其价格低廉、数据采集快速、操作方便等原因，使得数字近景摄影测量技术在中低精度的测量领域中得到了广泛的应用。

近景摄影测量技术虽然应用广泛，但其技术门槛较高，对应用人员的技术要求较高，尤其是外业数据采集中的影像拍摄人员的专业要求较高，不仅需了解摄影测量的基本原理，还必须有丰富的实际工程经验方能适应近景摄影测量千差万别的应用需求。近景摄影测量的另一个难题就是对于纹理单一的测量目标难以匹配到足够多的同名点，纹理单一即缺乏特征的目标对象当然就难以适用于近景摄影测量了。

与其他测量手段相比，近景摄影测量技术在应用中有如下优点：

(1)数字近景摄影测量能瞬间获取被测物体的物理信息和几何信息，不但获取的原始数据是数字形式的，其记录的中间数据及其最终成果也均是数字形式的，而且能够快速地处理数据、输出成果。

(2)数字近景摄影测量不破坏被测量目标，不干扰被测量目标的自然状态，具有获取的信息量大、信息可重复利用、精度高、速度快、躲避危险环境而远离被摄影对象等优点，作业方法有一定灵活性，可在恶劣条件下作业。

(3)基于严谨的理论体系和硬软件技术，可提供高精度与高可靠性的测量手段，可提供不同相对精度的数据成果。

(4)近景摄影测量技术既可为静态目标提供三维空间坐标，也可为动态目标提供运动轨迹及变化规律。能够测定物体的空间位置和运动姿态，能够测定运动物体的外形和运动状态，可提供基于三维空间坐标的数据产品，包括数据、图像、三维模型等。

(5)数字近景摄影测量技术因其具有测量复杂形态目标及运动目标的能力，而且具有间接式测量的特点，因而有着更广阔的应用领域。

第二章　近景摄影测量的摄影技术

第一节　近景摄影机

一、近景摄影机分类

近景摄影测量作业全过程大体分为两个阶段：获取被测物体影像的摄影阶段，以及对影像进行再处理，从而获得被测物体静态的形状、大小或动态运动参数的摄影处理阶段。其中，第一个阶段就需要用到近景摄影机，根据所具备的摄影测量功能的多寡，近景摄影机可分为量测摄影机、半量测摄影机和非量测摄影机3大类。量测摄影机是专门为摄影测量目的而设计的摄影机，可分为单个量测摄影机和立体量测摄影机两类。该类摄影机具有框标，内方位元素（x_0,y_0,f）一般已知，有定向与置平装置；而且物镜畸变差严格控制在允许范围内（一般为微米级）。半量测摄影机是在玻璃承片框上附有标准格网，以改正底片变形误差的摄影机。该类摄影机玻璃承片框上刻有格网线；内方位元素（x_0,y_0,f）一般未知；没有水准器和定向装置，不能确定曝光瞬间的外方位元素。非量测摄影机不是专门为摄影测量目的而设计的摄影机，主要包括数码相机、电影摄影机和高速摄影机等。该类摄影机没有框标；内方位元素（x_0,y_0,f）不稳定，无压平装置，且畸变差较大；没有水准器和定向装置，在曝光时不能确定方位；但其体重小，轻便灵活，价格低，能随意调焦，有的还可连续或同步摄影。目前最常用的近景摄影机为非量测相机中的数码相机，其典型结构如图2-1所示。

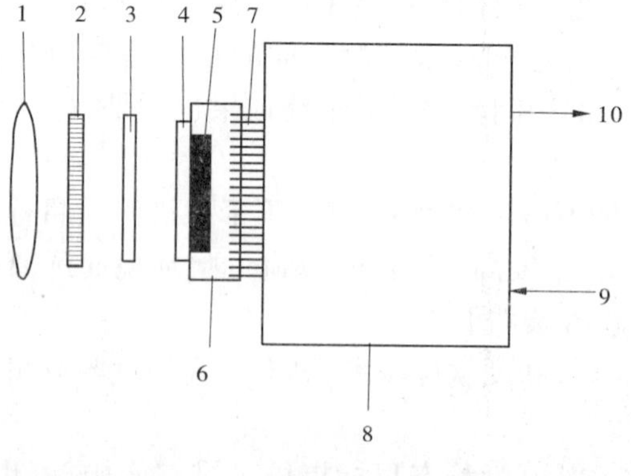

1—物镜；2—红外滤光片；3—漫射镜片；4—玻璃保护片；5—感光芯片；
6—陶瓷衬底；7—连接管脚；8—电子部分；9—电源；10—信号

图2-1　数码相机的典型结构

数码相机采用的图像传感器主要包括电荷耦合器件（charge coupled device，CCD）和互补性金属氧化物半导体器件（complementary metal oxide semiconductor，CMOS）两类。CCD是一种特殊的半导体材料，由大量独立的光敏元件组成，这些光敏元件通常是按矩阵排列的。光线透过镜头照射到 CCD 上，并被转换成电荷，每个元件上的电荷量取决于它所收到的光照强度。曝光时，CCD 将各个元件的信息传到模数转换器上，模拟电信号经过模数转换处理后变成数字信号，数字信号以一定格式压缩后存入缓存，生成图像，图像数据可以根据不同的需要以数字信号或视频信号的方式输出。CCD 的结构相对简单，像素尺寸小，分辨率高，精度和可靠性好，噪声也较低，因而被中高端（高像素）数码相机广泛使用。CMOS 器件很容易与 A/D 电路、数字信号处理等电路集成在一起，具有集成度高、传送速度快、耗电少、整体成本低的优点。CMOS 器件的缺点是电、磁、光的相互干扰明显，容易出现噪声和杂点，解像度和色彩还原不及 CCD 器件。近年来，CMOS 技术发展迅速，出现了许多采用 CMOS 芯片的高像素甚至全画幅（24 mm × 36 mm）的数码相机。

数码相机是一种能够进行拍摄，并通过内部处理把拍摄到的景物转换成以数字格式存放图像的照相机。与普通相机不同，数码相机并不使用胶片，而是使用固定的或者可拆卸的半导体存储器来保存获取的图像。它集成了影像信息的转换、存储和传输等部件，具有数字化存取模式、与电脑交互处理和实时拍摄等特点。光线通过镜头或者镜头组进入相机，通过成像元件转化为数字信号，数字信号通过影像运算芯片储存在存储设备中。数码相机的成像元件是 CCD 或者 CMOS，该成像元件的特点是光线通过时，能根据光线的不同转化为电子信号。数码相机最早出现在美国，20 多年前，美国曾利用它通过卫星向地面传送照片，后来数码摄影转为民用并不断拓展应用范围。

按照生活中最直观的"用途"人为划分，数码相机简单分为单反数码相机、卡片数码相机、长焦数码相机。单反数码相机指的是单镜头反光数码相机。卡片数码相机在业界内没有明确的概念，仅指那些小巧的外形、相对较轻的机身以及超薄时尚的相机。长焦数码相机指的是具有较大光学变焦倍数的机型，能拍摄较远景物的相机。常见的数码相机品牌有佳能、尼康、索尼、卡西欧等，图 2-2 为一些常见的数码相机，表 2-1 为相对应的相机参数。

(a)佳能60D (b)尼康D3200

(c)明基GH650 (d)卡西欧EX-ZR15

图 2-2 常见的数码相机

表 2-1　常见的数码相机的参数

相机性能	佳能 60D 相机	尼康 D3200 相机	明基 GH650 相机	卡西欧 EX – ZR15 型相机
最高分辨率(mm×mm)	5 184×3 456	6 016×4 000	4 608 × 3 456	4 608×3 456
传感器	CMOS	CMOS	CCD	CMOS
传感器尺寸(mm×mm)	22.3×14.9	23.2×15.4	7.4×5.5	7.4×5.5
产品定位	中端单反	入门级单反	消费级数码相机	消费级数码相机

用于工业环境中摄影的相机称为工业相机。按照不同的标准，工业相机可以分成不同的种类。按芯片类型，可分为 CCD 相机和 CMOS 相机；按传感器结构，可分为线阵相机和面阵相机；按相机芯片的感光，可分为黑白相机和彩色相机。

测量型数码相机（通常称为测量专用相机）就是专为测量目的而设计制造的数码相机。测量专用相机的特点与要求：专门为测量目的而设计，内方位元素经过严格检校且为已知，镜头畸变小，能有效控制底片（芯片）变形，设备复杂、费用高，多用于各种高精度的测量任务。CIM – 1（chenway intelligent camera）相机（见图 2-3）是辰维科技公司于 2014 年研发出的一种智能化测量相机，测量精度达到 4 μm + 4 μm/m。

图 2-3　CIM – 1 相机

CIM – 1 相机拥有许多独特的技术性能，具有高无损压缩比、高存储量、大视场等特点，其主要技术指标见表 2-2。

二、相对孔径与光圈系数

（一）相对孔径

假设在图 2-4 透镜组中面设置有一个光圈Ⅰ，其直径为 D，现有一束平行于主光轴的光线射向镜头，通过前透镜组后，便受到光圈Ⅰ的拦阻，从图 2-4 中可看出，AB 以外的光线不能参加构像，这如同镜头前面有另一个孔径为 d 的光圈Ⅱ限制着进入的光束大小，在几何光学上，这个光圈Ⅱ称为镜头的入射光瞳，在摄影学上称为有效光孔，有效光孔的直径 d 称为有效孔径，显然，当改变光圈孔径大小时，有效孔径 d 也随之变化。

表 2-2 CIM－1 相机的主要技术指标

处理器	CPU 1.6 GHz
接口	有线、无线数据传输，USB 存储卡
闪光	环形、全自动
电池	外置、可插拔
分辨率	2 900 万像素
CCD 尺寸	36 mm × 24 mm
视场角范围	81° × 59°
相片压缩比	> 15∶1
瞄准	取景器、2 个激光点
测量范围	0.3 ~ 80 m
工作温度	－10 ~ ＋50 ℃

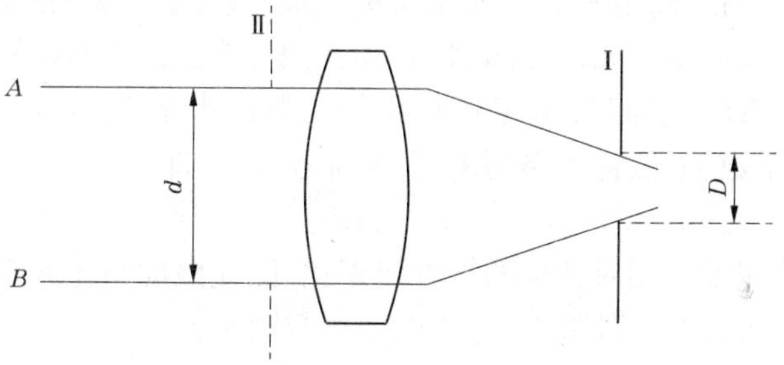

图 2-4 有效孔径

镜头的相对孔径指有效孔径与镜头焦距 f 的比值，即 d/f。显然，当改变光圈孔径的大小时，有效孔径随之变化，所以相对孔径也相应发生变化。当光圈孔径完全张开时，相应的相对孔径称为最大相对孔径。通常最大相对孔径以分子为 1 的形式标注在照相机镜头的外框上，例如，某照相机镜头焦距为 135 mm，光圈完全张开时的最大有效孔径 d 为 30 mm，于是最大相对孔径以 1/4.5 或 1∶4.5 的形式标注。

由几何光学得知：被摄物体发射的光线通过照相机镜头后，在焦平面上产生的照度 E 与被摄物体的亮度 B、有效孔径的面积 $\pi(d/2)^2$ 成正比，与镜头焦距的平方 (f^2) 成反比，于是有如下像面照度表达式

$$E = K_a \times \frac{\pi B}{4}\left(\frac{d}{f}\right)^2 \tag{2-1}$$

式中 K_a——比例系数，取决于镜头的透光能力，称为镜头的透光率，其值的大小随具体的镜头而定。

由式(2-1)可看出，当被摄物体的高度 B 一定时，像面照度与相对孔径的平方成正比。

（二）光圈系数

光圈是一个用来控制光线透过镜头，进入机身内感光面光量的装置，它通常是在镜头

内。通常用 f 值表达光圈大小,如图 2-5 所示。对于已经制造好的镜头,不可能随意改变镜头的直径,但是可以通过在镜头内部加入多边形或者圆形,并且面积可变的孔状光栅来达到控制镜头通光量,这个装置就叫作光圈。

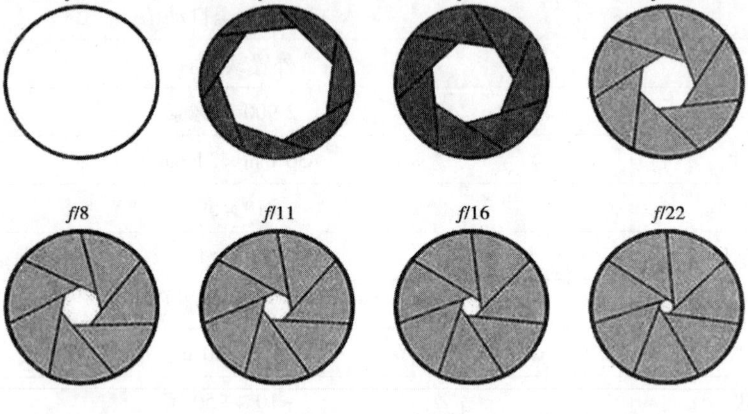

图 2-5　光圈

随着光圈的收缩与张开,镜头的有效孔径 d 也跟着改变,因此相对孔径也随之改变,从而改变了通过镜头的光通量。如果光圈缩小一定程度,就在镜头的外框上标志一个数值,这就有利于控制进入镜头的光通量,由于相对孔径一般都小于 1,因此用相对孔径的倒数表示,我们称其为光圈系数,一般称 F 数,用 f、k 等符号表示,即

$$k = f/d \tag{2-2}$$

由于焦平面上的照度与相对孔径的平方成正比,因此照度与光圈系数的平方成反比,光圈系数均标志在照相机镜头的外框上,标志的数列有两种:

(1)国际系统。多数国家包括我国采用这种系统:

1.0、1.4、2、2.8、4、5.6、8、11、16、22、32……

(2)欧洲大陆系统。只有欧洲国家的照相机采用:

1.1、1.6、2.2、3.2、4.5、6.3、9、12.5、18、25、36……

摄影时感光材料表面上单位面积所要求的曝光量 H 是一个定值,它等于照度 E 和曝光时间 t 的乘积,即

$$H = Et \tag{2-3}$$

由于照度与光圈系数的平方成反比,因此当 H 为定值时:

$$\frac{E_1}{E_2} = \frac{t_2}{t_1} = \frac{k_2^2}{k_1^2} \tag{2-4}$$

由式(2-4)可知,当摄影条件相同时,曝光时间与光圈系数的平方成正比,如果曝光时间改变 1 倍,则相应的光圈系数应改变 $\sqrt{2}$,因此上述光圈系数均以 $\sqrt{2}$ 为公比排列。例如,原来准备采用光圈系数 5.6、曝光时间为 1/100 s 进行摄影,如果现在需要改用光圈系数 11,则为了获得同样的摄影效果(相同的曝光量),其相应的曝光时间应为

$$t_2 = \frac{k_2^2}{k_1^2} \times t_1 = \frac{121}{31} \times \frac{1}{100} \approx \frac{1}{25}(\mathrm{s}) \tag{2-5}$$

在实际摄影时并不需要进行计算,只须记住:

(1)随着光圈系数的增大,相应的曝光时间也需增加,反之则曝光时间减少。

(2)光圈系数每隔一档,相应的曝光时间就增加或减少 1 倍。

三、景深与曝光时间

(一)景深

1. 景深的概念

用摄影机取景时,为获取清晰影像,必须满足成像公式的要求,此时物距大于 a 或小于 a 的物景,在像面上不能构成清晰影像。如图 2-6 所示,物距为 a 的物点 p ,在像距为 b 的成像面上构成像点 p',物距分别为 a_1 和 a_2 的两物点 p_1 和 p_2 ,在像面上的构像不是点像,而为圆斑,摄影学上称为模糊圆。

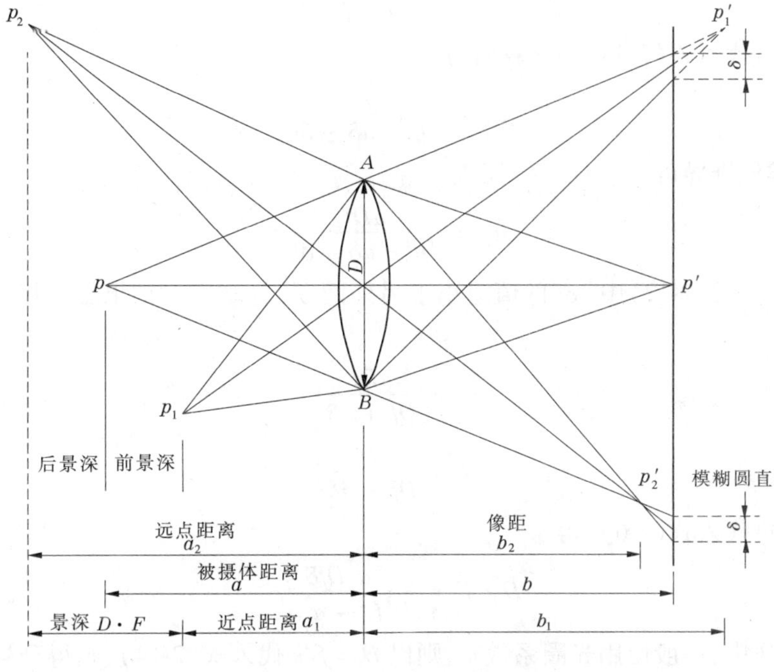

图 2-6　景深公式推导示意图

由于实际景物均具有三维纵深,因此在摄影时,除对焦面外,其余纵深上的景物均不能构成清晰影像。但通过对实际照片观察,在一定的纵深范围内的景物的影像也是"清晰"的,这似与理论不符,实际上,这是由于人眼对微小细节分辨的能力有限而造成的生理错觉。

人眼对微小细节的分辨能力称为人眼分解力,尽管对焦面以外的景物为模糊圆,但当模糊圆直径很小,人眼不能分辨而认为是一个"像点"时,可认为构成的为清晰影像。

因此,当摄取一有限距离的景物时,在景物前后一定距离内,其构像都是清晰的。此构成清晰影像的物方纵深范围称为景深,用 $D \cdot F$ 表示。其中,从对焦面到最近一点的距离叫前景深,到最远距离称为后景深。前、后景深之和即为景深。

p_1 、p_2 在焦平面上所成像是直径为 δ 的模糊图,由景深公式得

$$D \cdot F = a_2 - a_1 \tag{2-6}$$

由透镜成像公式得

$$a_1 = \frac{b_1 f}{b_1 - f} \tag{2-7}$$

由图 2-6 中的相似三角形得

$$\frac{D}{\delta} = \frac{b_1}{b_1 - b} \tag{2-8}$$

将式(2-8)代入式(2-7)得

$$a_1 = \frac{bDf}{bD - Df + \delta f} \tag{2-9}$$

又因为

$$b = \frac{af}{a - f} \tag{2-10}$$

将式(2-10)代入式(2-9),经化算后得

$$a_1 = \frac{aDf}{Df + a\delta - \delta f} \tag{2-11}$$

同理,经类似推导可得

$$a_2 = \frac{aDf}{Df - a\delta + \delta f} \tag{2-12}$$

在式(2-11)、式(2-12)中,δf 的值远小于另外两项,忽略后对结果影响极小,故将 δf 略去后得

$$\left.\begin{aligned} a_1 &= \frac{aDf}{Df + a\delta} \\ a_2 &= \frac{aDf}{Df - a\delta} \end{aligned}\right\} \tag{2-13}$$

将式(2-13)代入式(2-6),得

$$D \cdot F = \frac{2a^2 Df\delta}{D^2 f^2 - a^2 \delta^2} \tag{2-14}$$

在摄影工作中,一般使用光圈系数 k ,则以 $D = f/k$ 代入式(2-14),则得到景深公式的另一种形式:

$$D \cdot F = \frac{2a^2 f^2 k\delta}{f^4 - a^2 k^2 \delta^2} \tag{2-15}$$

2. 影响景深的主要因素

由景深计算公式可知,景深主要与下列因素有关:

(1)光圈系数。在其他条件一定时,由式(2-14)可知,随镜头光圈系数 k 的增大,景深迅速增大。光圈系数增大,相当于镜头孔径减小,则在焦面上形成的模糊圆较小,故可以得到大的景深。

例如,使用镜头焦距为 50 mm 的照相机,对 5 m 远的景物对光,当分别选用光圈系数为 4 和 8 时,可得到如图 2-7 所示的景深效果。由图 2-7 可以看出,光圈系数增大 1 时,景深增大有 4 倍之多。

(2)焦距。镜头焦距的大小与景深成反比,焦距越长,景深越小,焦距越短,景深越大。

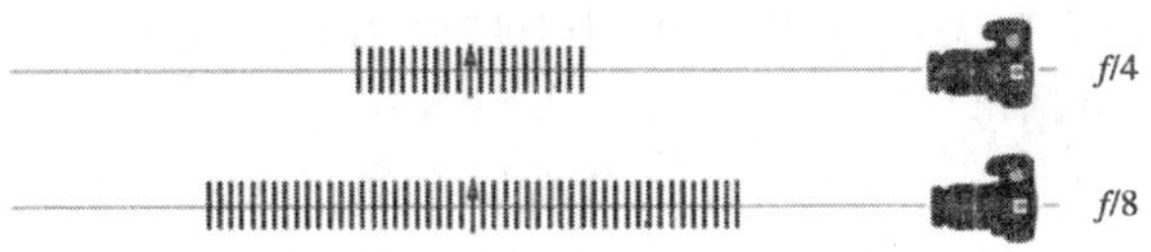

图 2-7 光圈系数影响景深

(3)摄影物距。摄影物距越大,景深也越大。因此,当拍摄空间深度大的景物时,可以退远些拍摄,而对近距离目标摄影时,因景深较小,调焦必须特别仔细。

(4)模糊圆的大小。景深与允许的模糊圆直径 δ 的大小成正比,而允许的 δ 的大小与对像质的要求、用途及观察照片的距离等因素有关。

通常,普通照相机的外框上标注有景深标尺,如图 2-8 所示。它是根据式(2-14)计算的,计算时取 δ =0.1 mm,例如图中表示摄影机对光在 4.7 m 的被摄物体,此时若选光圈系数为 8,则由景深标尺可直接读出,其景深范围为 3 ~ 11 m。若选光圈系数为 16,则景深范围为 2.3 ~ ∞ m。

近景摄影测量中,获取清晰、高质量的影像是至关重要的。因此,为了获得清晰的影像,必须使目标处在景深范围之内。

图 2-8 景深标尺

(二)曝光时间

相机曝光时间是为了将光投射到照相感光材料的感光面上,快门所要打开的时间,是指从快门打开到关闭的时间间隔。在这一段时间内,物体可以在底片上留下影像,曝光时间是根据需要而定的。比如你星星的轨迹,就需要很长的曝光时间(可能是几个小时),这样星星的长时间运动轨迹就会在底片上成像。如果要拍飞驰的汽车清晰的身影,就要用很短的时间(通常是几千分之一秒)。

曝光时间越长,则进光量越多,底片上生成的相片越亮,适合光线条件比较差的情况,在外界光线比较暗的情况下一般要求延长曝光时间(比如说夜景)。相反,曝光时间短则适合光线比较好的情况。快门速度越快越可以抓取运动的物体,使其清晰成像。当快门速度低于 1/60 s 的时候就最好要使用三脚架了,否则成像很难清晰。

预先设定光圈系数再测定曝光时间,即通常所说的光圈优先摄影方式,是近景摄影测量中对静态物体摄影经常使用的摄影方式。预先确定曝光时间再测定光圈系数,即通常所说的曝光时间优先摄影方式,是近景摄影测量中对动态物体摄影经常使用的摄影方式。

第二节 相机检校

一、相机检校内容

数码相机以其体积小,质量轻,像元几何位置精度高及其便利的数字图像获取、存储等优点,已日渐成为数字近景摄影测量和视觉测量中的基本设备。尤其随着计算机视觉技术的发展，越来越多的应用需要关注量测性能，其中精度指标最为重要，通过检校技术则可以显著提高空间方位的测量精度。

相机的内方位元素和镜头光学畸变系数统称为相机的内部参数，外方位元素称为外部参数。计算机视觉中的相机检校是指确定其内部参数和外部参数的过程，而在摄影测量中仅是指确定内部参数的过程，追求外部参数和物方点的优化则属于网形设计问题，其实两者并无本质区别。

相机检校在摄影测量学术界很早就受到重视，早在1914年加拿大的Deville就在实验室对测量相机进行了检校。在1950～1980年，是摄影测量界对相机检校理论与技术研究的高峰期，期间出现许多种不同的方法和技术途径，总体上可以分为光学法和解析法。光学法需在实验室内进行，需要专门的激光准直仪或精密测角仪，灵活性和通用性较差，目前在近景摄影测量工作中几乎不再用了。解析法是利用数学方法对影像数据进行处理求取相机内部参数。该方法易于在工作现场实施，且对胶片相机和数码相机通用，因而在数字近景摄影测量中广为应用。解析法又可以分为试验场法和自检校法两种。

下面将从摄影测量的角度来详细探讨相机检校的内容。近景摄影机的内方位元素误差和光学畸变差是检校的主要内容，其中光学畸变差又分为径向畸变、偏心畸变和像平面畸变等3类畸变参数。

（一）内方位元素误差

描述摄影物镜像方节点与像片之间相关位置的参数称为像片的内方位元素。内方位元素有三个，分别是摄影物镜像方节点到像片面的垂直距离（主距）f 和像主点 a 在框标坐标系中的坐标 (x_0, y_0)。

如果采用的内方位元素 (x_0, y_0, f) 不准确，则也会使像点坐标产生偏差，干扰共线方程的成立。如果主距有误差 Δf，则由式(2-13)可以推得相应的像点坐标偏差为

$$\left.\begin{aligned}\Delta x_f &= \frac{\bar{x}}{f}\Delta f\\ \Delta y_f &= \frac{\bar{y}}{f}\Delta f\end{aligned}\right\} \tag{2-16}$$

加上主点的误差 (x_0, y_0)，则内方位元素误差所引起的像点偏差可以表示为

$$\left.\begin{aligned}\Delta x_n &= -x_0 - \frac{\bar{x}}{f}\Delta f\\ \Delta y_n &= -y_0 - \frac{\bar{y}}{f}\Delta f\end{aligned}\right\} \tag{2-17}$$

（二）光学畸变差

1. 径向畸变

径向畸变是由镜头形状引起的，它使像点沿径向产生偏差（径向畸变）。径向畸变是对称的，对称中心与主点并不完全重合，但通常将主点视为对称中心。径向畸变有正有负，相对主点向外偏移为正，称为枕形畸变；向内偏移为负，称为桶形畸变（如图2-9所示）。通常广角镜头（$f < 50$ mm）多为负畸变，标准镜头（$f = 50$ mm）有正有负，中焦（80 mm $< f <$ 150 mm）和长焦（$f > 150$ mm）镜头多为正畸变。而且标准镜头畸变最小，焦距越短（或越长）其畸变也越大。

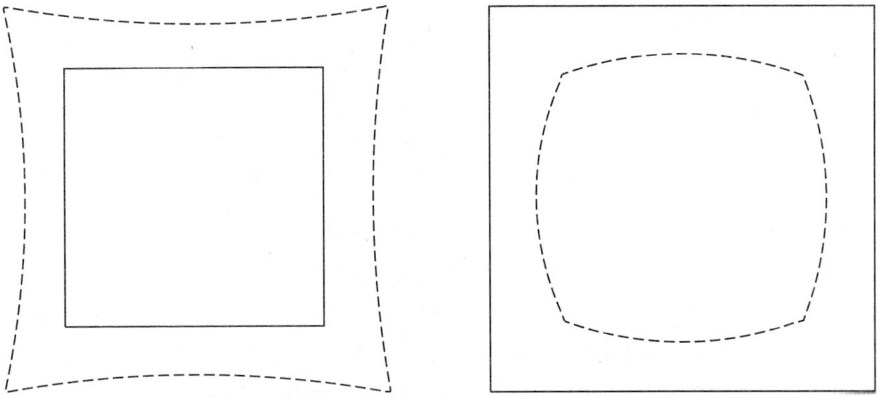

(a)枕形畸变 (b)桶形畸变

图 2-9 径向畸变

径向畸变可用奇次多项式表示为

$$\Delta r = K_1 r^3 + K_2 r^5 + K_3 r^7 + \cdots \tag{2-18}$$

将径向畸变分解到像平面坐标系的 x 轴和 y 轴上，则有

$$\left.\begin{aligned} \Delta x_r &= K_1 \bar{x} r^2 + K_2 \bar{x} r^4 + K_3 \bar{x} r^6 + \cdots \\ \Delta y_r &= K_1 \bar{y} r^2 + K_2 \bar{y} r^4 + K_3 \bar{y} r^6 + \cdots \end{aligned}\right\} \tag{2-19}$$

式中，$\bar{x} = x - x_0$；$\bar{y} = y - y_0$；$r^2 = \bar{x}^2 + \bar{y}^2$；$K_1$、$K_2$、$K_3$ 为径向畸变系数。

式(2-19)也称为高斯径向畸变，径向畸变也可以表示成另外一种形式：

$$\left.\begin{aligned} \Delta x_r &= K_0 \bar{x} + K_1 \bar{x} r^2 + K_2 \bar{x} r^4 + K_3 \bar{x} r^6 + \cdots \\ \Delta y_r &= K_0 \bar{y} + K_1 \bar{y} r^2 + K_2 \bar{y} r^4 + K_3 \bar{y} r^6 + \cdots \end{aligned}\right\} \tag{2-20}$$

式(2-20)称为平衡径向畸变差，效果与式(2-19)等价，不影响最终的物方点坐标求解。

2. 偏心畸变

偏心畸变主要是由光学系统光心与几何中心不一致造成的，即镜头器件的光学中心不能严格共线，如图 2-10 所示。

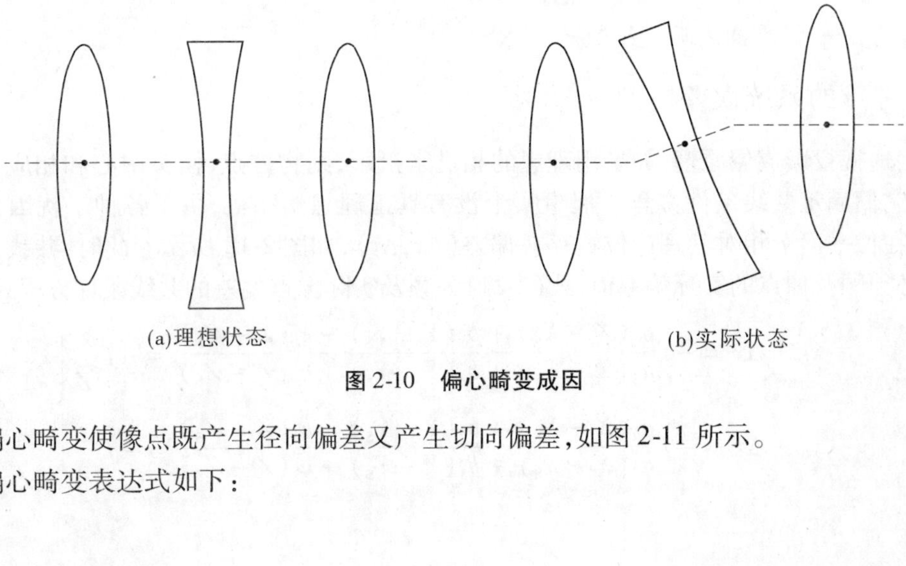

(a)理想状态 (b)实际状态

图 2-10 偏心畸变成因

偏心畸变使像点既产生径向偏差又产生切向偏差，如图 2-11 所示。

偏心畸变表达式如下：

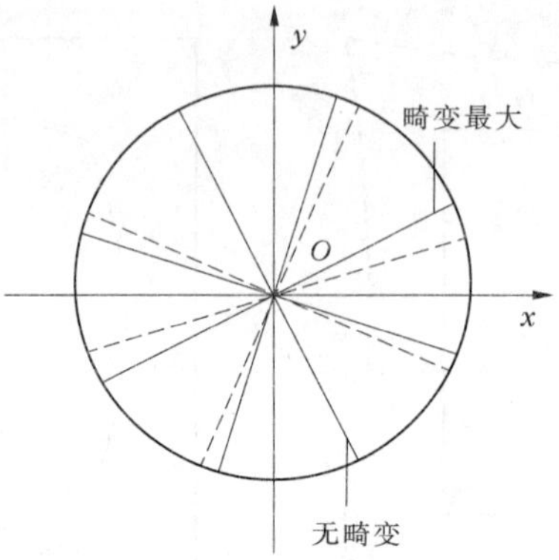

图 2-11　偏心畸变分布示意图

$$P(r) = \sqrt{P_1^2 + P_2^2} \cdot r^2 \tag{2-21}$$

将其分解到像平面坐标系的 x 轴和 y 轴上，则有：

$$\left.\begin{aligned} \Delta x_d &= P_1(r^2 + 2\bar{x}^2) + 2P_2\bar{x}\bar{y} \\ \Delta y_d &= P_2(r^2 + 2\bar{y}^2) + 2P_1\bar{x}\bar{y} \end{aligned}\right\} \tag{2-22}$$

式中　P_1、P_2——偏心畸变系数，偏心畸变在数量上要比径向畸变小得多。

3. 像平面畸变

像平面畸变可以分为两类：像平面不平引起的畸变和像平面内的平面畸变。传统相机的像平面畸变即为胶片平面不平引起的畸变，它可以用多项式来建模并改正。对于数码相机，由于制造工艺限制，CCD 芯片也不是一标准平面，C. S. Fraser 测试了 Kodak 公司的 CCD 芯片 KAF－1600（14 mm×9 mm），其平面度为 1.7 μm。然而，目前还无法用多项式来建模、准确描述像平面不平所引起的像点畸变。

由于像素的采样时钟不同步造成的 A/D 转换和信号转移误差则会引起像点在像平面内的平面畸变，通常可以简化成像素的长宽尺度比例因子和像平面 x 轴与 y 轴不正交所产生的畸变，其表达式如下：

$$\left.\begin{aligned} \Delta x_m &= b_1\bar{x} + b_2\bar{y} \\ \Delta y_m &= 0 \end{aligned}\right\} \tag{2-23}$$

式中　b_1、b_2——像平面内畸变系数。

二、像点的系统误差模型

根据透视投影成像原理，如果用理想的相机来摄影，则物方点、镜头中心和相应像点三点共线，它们满足共线条件方程。但事实上没有真正理想的相机，由于各种干扰因素的存在，像点在像平面上相对其理论位置存在偏差（Δx，Δy），如图 2-12 所示。此时，共线方程式要成立必须顾及像点的实际偏差值，式(2-24)为顾及实际像点偏差的共线条件方程式。

$$\left.\begin{aligned} x - x_0 + \Delta x &= -f\frac{a_1(X - X_S) + b_1(Y - Y_S) + c_1(Z - Z_S)}{a_3(X - X_S) + b_3(Y - Y_S) + c_3(Z - Z_S)} = -f\frac{\bar{X}}{\bar{Z}} \\ y - y_0 + \Delta y &= -f\frac{a_2(X - X_S) + b_2(Y - Y_S) + c_2(Z - Z_S)}{a_3(X - X_S) + b_3(Y - Y_S) + c_3(Z - Z_S)} = -f\frac{\bar{Y}}{\bar{Z}} \end{aligned}\right\} \tag{2-24}$$

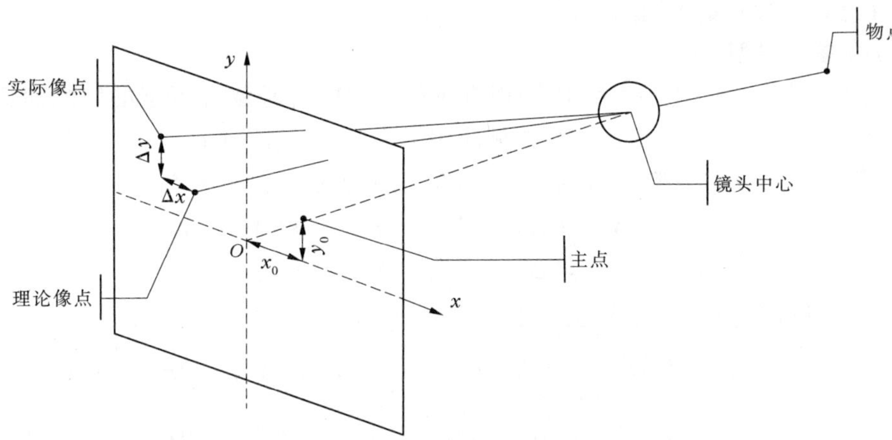

图 2-12 实际透视成像

式中 (x, y) ——像点坐标；

(x_0, y_0) ——像主点坐标；

f——相机焦距；

(X, Y, Z) ——相应物方点坐标；

(X_S, Y_S, Z_S) ——摄站坐标；

$(a_i, b_i, c_i)(i = 1,2,3)$ ——旋转矩阵各元素；

$(\Delta x, \Delta y)$ ——相机畸变引起的像点偏差。

实际像点的偏差具有一定的规律性和重复性，是数码相机在成像过程中诸多干扰因素综合影响的结果，如相机镜头的径向畸变和偏心畸变、像平面不平畸变和像平面内比例及正交畸变，但如果采用的内方位元素 (x_0, y_0, f) 不准确，则从数学上来说也会干扰共线方程的成立。这些内部参数所引起的像点坐标误差成系统性，故称为像点的系统误差。在摄影测量中多采用数学模型对相机畸变进行建模并加以补偿，常用的相机检校模型可分为参数模型和非参数模型两种。参数模型具有显式数学表达式，畸变参数通常有明确的物理含义，如一般多项式模型、10 参数模型等；非参数模型没有明确含义的畸变参数和数学表达式，如有限元模型、人工神经网络等。本节主要介绍一般多项式模型、10 参数模型两种常用的相机畸变模型。

（一）一般多项式模型

一般多项式模型即利用关于像点坐标 (x, y) 的二元 n 次多项式 $p_n(x, y)$ 拟合该像点的系统误差，是最简单的相机畸变模型。一般多项式模型可表示为如下形式：

$$\left.\begin{aligned} \Delta x &= a_0 + a_1 x + a_2 y + a_3 x^2 + a_4 xy + a_5 y^2 + \cdots \\ \Delta y &= b_0 + b_1 x + b_2 y + b_3 x^2 + b_4 xy + b_5 y^2 + \cdots \end{aligned}\right\} \tag{2-25}$$

式中 $(\Delta x, \Delta y)$ ——像点坐标畸变值；

$a_0, a_1, \cdots, b_0, b_1, \cdots$ ——像点系统误差系数。

这种模型把像点系统误差的综合影响作为一个整体，而不去解释系统误差的各种根源，物理意义不明显。但实际上任何一个函数都不可能完全综合表达出各种像点变形的影响而把无法预知的成分排除在外。在航空摄影测量中，一般多项式模型是像点系统误差的经典模型,但在近景摄影测量中用的却很少。

（二）10 参数模型

10 参数模型是一种物理模型,依据相机成像过程中各种物理因素的影响而设计,是摄影测量领域尤其是数字近景摄影测量领域应用最为广泛的相机畸变模型。该模型包括相机内方位元素误差、镜头径向畸变、偏心畸变和像平面畸变。这些畸变总和可写成下式:

$$\left.\begin{aligned}\Delta x' &= \Delta x_{\mathrm{r}} + \Delta x_{\mathrm{d}} + \Delta x_{\mathrm{m}} + \Delta x_n \\ \Delta y' &= \Delta y_{\mathrm{r}} + \Delta y_{\mathrm{d}} + \Delta y_{\mathrm{m}} + \Delta y_n\end{aligned}\right\} \tag{2-26}$$

10 参数相机畸变模型可表示为如下形式:

$$\left.\begin{aligned}\Delta x' &= -x_0 - \frac{\bar{x}}{f}\Delta f + k_1\bar{x}r^2 + k_2\bar{x}r^4 + k_3\bar{x}r^6 + P_1(r^2 + 2\bar{x}^2) + 2P_2\overline{xy} + b_1\bar{x} + b_2\bar{y} \\ \Delta y' &= -y_0 - \frac{\bar{y}}{f}\Delta f + k_1\bar{y}r^2 + k_2\bar{y}r^4 + k_3\bar{y}r^6 + P_2(r^2 + 2\bar{y}^2) + 2P_1\overline{xy}\end{aligned}\right\} \tag{2-27}$$

式中 k_1、k_2、k_3——径向畸变;

P_1、P_2——偏心畸变;

b_1、b_2——像平面畸变;

(x_0, y_0, f)——相机内方位元素。

顾及像点系统误差的影响,则式(2-27)可以写成:

$$\left.\begin{aligned}x + \Delta x' &= -f\frac{a_1(X - X_{\mathrm{S}}) + b_1(Y - Y_{\mathrm{S}}) + c_1(Z - Z_{\mathrm{S}})}{a_3(X - X_{\mathrm{S}}) + b_3(Y - Y_{\mathrm{S}}) + c_3(Z - Z_{\mathrm{S}})} \\ y + \Delta y' &= -f\frac{a_2(X - X_{\mathrm{S}}) + b_2(Y - Y_{\mathrm{S}}) + c_2(Z - Z_{\mathrm{S}})}{a_3(X - X_{\mathrm{S}}) + b_3(Y - Y_{\mathrm{S}}) + c_3(Z - Z_{\mathrm{S}})}\end{aligned}\right\} \tag{2-28}$$

三、相机检校方法

在数字近景摄影测量中,所用相机的内方位元素、光学畸变差以及其他重要参数的检查与校正,是数字近景摄影测量工作全过程的重要组成部分。相机检校的目的在于提高摄影测量的精度,建立完善的相机畸变模型使得像点残差变小。近年来,许多学者对相机检校理论与技术进行了大量的研究,提出许多种不同的理论模型和技术方法。主要的相机内参数检校方法有以下几类。

（一）光学实验室检校方法

光学实验室检校方法一般适用于调焦到无穷远的相机内参数的检校,室内的多台固定的准直管或可转动的精密测角仪是其基本设备,如图 2-13 所示。光学实验室检校方法的检校内容有限且检校灵活性和通用性都不强,目前实际的数字近景摄影测量中已经不再使用这种方法。

（二）试验场检校方法

试验场一般由一些已知空间坐标的标志点构成,用待检校的相机对该试验场拍摄像片,然后通过单片或多片后方交会的方法求解相机的内方位元素。试验场检校示意图见图 2-14。试验场多是三维的,有时也使用二维的。当简单使用二维时,必须采用交向摄影的方式。但试验场检校方法有一些缺点:试验场的建立和维护比较麻烦、检校的灵活性不强以及

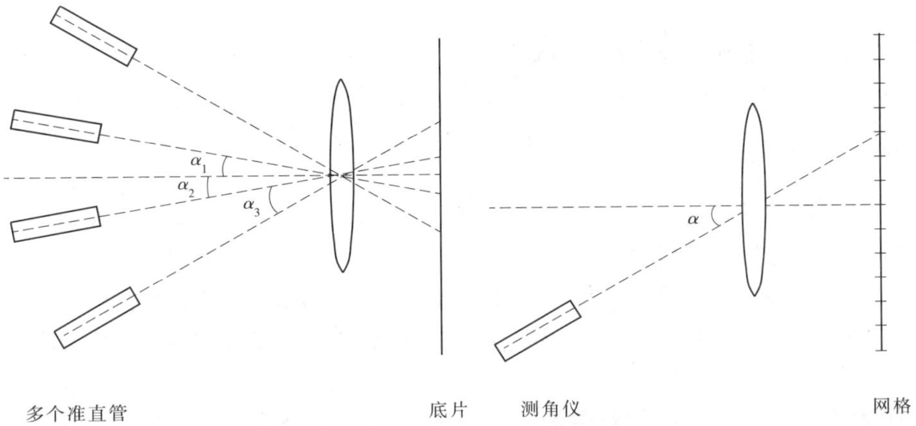

(a)基于准直管的光学实验室检校　(b)基于测角仪的光学实验室检校

图 2-13　光学实验室检校示意图

检校精度依赖于试验场的建立精度等。

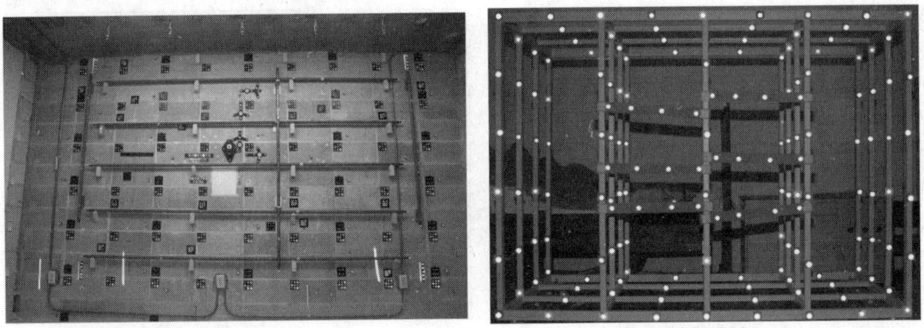

(a)校准墙　(b)活动控制架

图 2-14　试验场检校示意图

(三)在任检校方法

在任检校方法是一种在完成某个摄影测量任务中同时对相机进行检校的方法。此方法依据物方空间分布合理的一群高质量的控制点,在求解待定点物方空间坐标的任务中,同时求解像片内外方位元素和物镜畸变系数。该方法一般用于非量测相机的检校,因为这类相机的内方位元素相对不稳定。

(四)自检校光束法

自检校光束法是一种无须控制点以求解相机内方位元素和其他影响光束形状的相机检校方法。因其无须额外的附加观测便可实现残余系统误差的自动补偿而备受青睐。自检校光束法将相机内参数作为未知数代入误差方程中答解。在自检校光束法中,相机畸变模型各参数之间以及畸变参数与摄站参数之间都不可避免地存在近似的线性关系,即误差方程式系数矩阵相应列向量之间存在复共线性,导致法方程系数阵病态,影响解的稳定性和精确性,这种现象称为过度参数化。需要采取相应的算法解决自检校光束法在相机检校中的过度参数化问题。

第三节　近景摄影方式

一、两种基本摄影方式

近景摄影测量中基本的摄影方式主要包括正直摄影方式和交向摄影方式两种。

正直摄影方式是摄影时像片对两像片的主光轴 S_1o_1 与 S_2o_2 彼此平行，且垂直于摄影基线 B 的摄影方式，如图 2-15 所示。依照摄影对象不同，摄影基线 B 的方向可以是任意的，其方向可以水平、铅垂或其他任意方向，只要保持两光轴与其垂直，保持摄影时两像片在同一平面内。

交向摄影方式是摄影时像片对两像片的主光轴 S_1o_1 与 S_2o_2 大体位于同一平面但彼此不平行，且不垂直于摄影基线 B 的摄影方式，如图 2-16 所示，两主光轴 S_1o_1 与 S_2o_2 可交于一点 A，角度 γ 称为交向摄影的交会角。

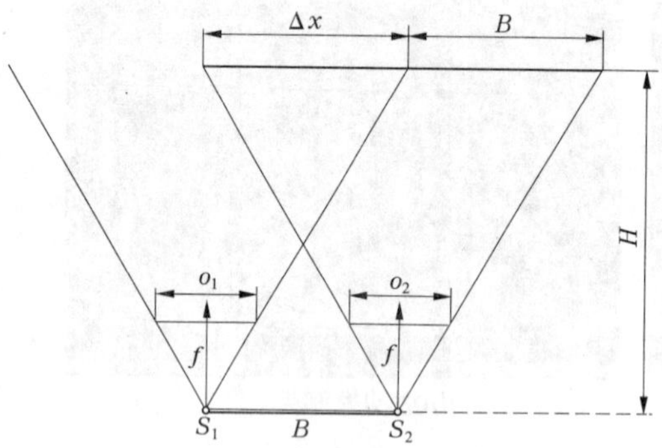

图 2-15　正直摄影示意图

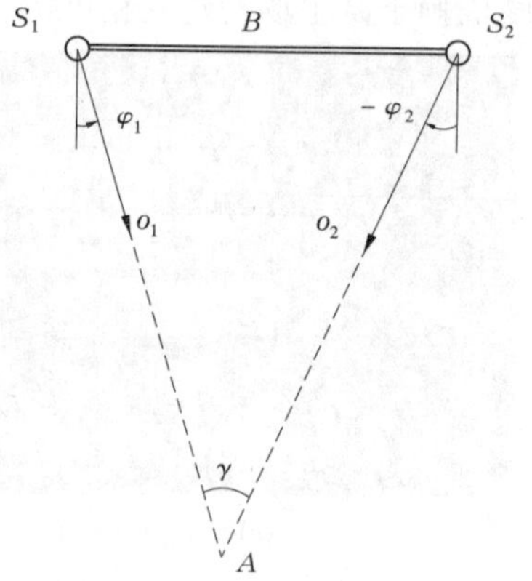

图 2-16　交向摄影示意图

一般地说，正直摄影方式生成影像的“变形”，基本起因于被测物的“起伏”，因而多适用于模拟近景摄影测量和解析摄影测量，多适用于肉眼立体观测。交向摄影方式生成影像的“变形”，则既起因于被测物的“起伏”，也起因于像对两像片间较大的相对角度。交向摄影方式，特别是交会角较大时的交向摄影方式，一般不适用于肉眼立体观测，多用于解析近景摄影测量或数字近景摄影测量。正直摄影方式像对一般有 55% ~70% 的重叠；交向摄影方式像对常采取 100% 的重叠。基于近似正直摄影方式，可形成对目标物的航带网摄影或区域网摄影，如图 2-17 所示。基于交向摄影方式，可实现对被测物的多重覆盖，乃至数十次的多重覆盖，即所谓多摄站摄影测量，其主要目的是大幅度提高摄影测量的精度与可靠性，如图 2-18 所示。

在近景摄影测量领域，无论采用哪种摄影方式，在进行摄影之前，一般都要对被测物粘贴能够反映物体本身几何特征的标志点，拍摄得到的像片中物体特征与背景对比明显，便于内业提取待测物的几何特征。如果用数码相机拍照，一般需要注意快门速度、光圈大小、感光度的设置以及闪光灯的使用。如果用测量相机进行测量，则拍摄要求还需考虑以下几点：

(1)拍摄距离。一般与被测对象的尺寸一致，即物体有多大摄影距离有多远。如果在

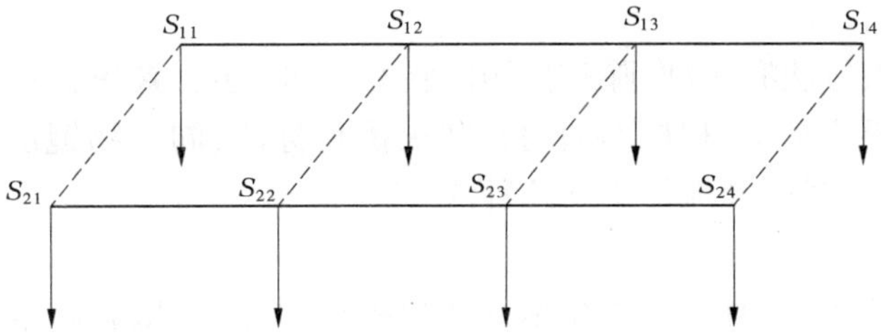

图 2-17　航带网摄影方式

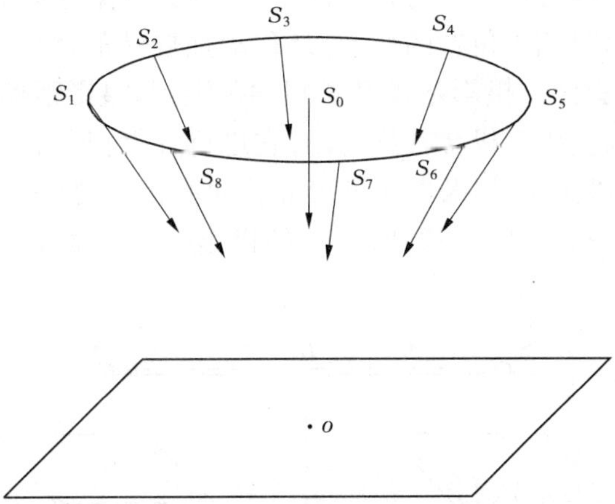

图 2-18　交向摄影示意图

这个范围有遮挡,可以适当扩大并减少拍摄距离,但最小拍摄距离不低于 0.5 m,最大拍摄距离也不是无限大。现实中一般根据被测物体尺寸的大小来选择适当的摄影距离进行拍摄。如果摄影距离太远,则要适当增大反光标志的直径;否则会由于成像像素过少而影响标志像点中心定位精度,从而降低测量精度。摄影距离太近,视场小,成像大,每张像片仅拍摄物体的一小部分,影像拼接多、重叠少,也会使得测量精度降低。

(2)拍摄照片数量。对于摄影测量,拍摄照片数量越多精度越高,但是当照片数量达到一定程度后,精度的提升就会非常小,具体的拍摄数量,要根据被测物体的大小、形状做出判断。拍摄照片数量的确定原则是将整个被测物体以各个角度都拍摄到。例如一个长 5 m、高 3 m 的墙,需要拍摄 20 多张照片。

(3)拍摄照片角度。拍摄被测物体的最好角度是测量光线(镜头)垂直于被测物体表面,但是由于现场环境的限制,会有一些斜视角度,但是镜头与物体表面的法向方向角度最大不能超过 60°,并且被测物体要有多角度交会。

二、立体像对的摄取方法

从空间两个位置对同一目标物拍摄的两张像片称为立体像对。通过立体像对的观察可见到被摄目标物的三维空间模型;利用摄影测量处理方法还可以量测所构成的三维空间模型,并据以计算被摄目标物的三维形状。人的一双眼睛,观察周围世界,可感觉它的深度差别,看到其三维空间形状。立体像对的拍摄,以至于立体序列像片的拍摄,在很大程度上是对人眼这种功能的仿真。

立体像对的拍摄方法有多种，除直接用两台相机外，还有被摄目标不动的移动相机法、相机不动的移动被摄目标法、相机不动的旋转被摄目标法、同一物镜法等。视需要，可以选用上述方法的一种，或者综合地使用某几种。

（一）移动相机法

保持目标不动的移动相机法，或简称移动相机法，是近景摄影测量中常用的方法，因为绝大多数目标是不能移动或不宜移动的。为了获取被摄物体 M 的立体像对，如图 2-19 所示，自 S_1 拍摄像片 P_1 后，将相机移至 S_2，再拍摄像片 P_2。像片 P_1 与 P_2 组成立体像对。两像片可以组成正直摄影立体像对，这时相机位置的变动，应保持基本平移。两像片也可以组成交向摄影立体像对，这时相机位置的变动，是移动加旋转的性质。中心投影的两像 P_1 与 P_2 上，均有目标物 M 的影像。摄影基线 B 长短的确定，与摄影距离 H 的大小及其他一些因素有关。保持目标不动，使摄影机绕其旋转，对它进行环绕摄影，是此种方法的一种演变形式。基于体视显微镜所摄像对，以及基于外形如普通照相机的立体照相机所摄像对，它们的观察或摄影原理均属这一类。要注意到，它们的摄影基线 B 都是固定而有限的，测量的精度也是有限的。

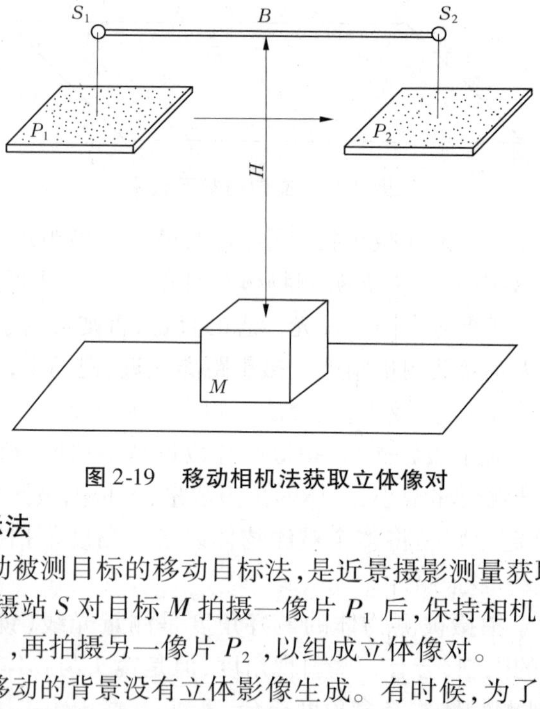

图 2-19　移动相机法获取立体像对

（二）移动被摄目标法

保持相机不动，移动被测目标的移动目标法，是近景摄影测量获取立体像对的另一种方法。如图 2-20 所示，自摄站 S 对目标 M 拍摄一像片 P_1 后，保持相机 S 不动，将被摄物 M 从位置 M_1 平移至位置 M_2，再拍摄另一像片 P_2，以组成立体像对。

使用这种方法，不移动的背景没有立体影像生成。有时候，为了消去背景影像，应采用黑色背景并结合使用其他技术手段。与移动相机法相比较，此处的 P_1 相当于像对的右像片，P_2 相当于左像片。而且，被摄物体 M 的平移距离 B 相当于摄影基线。近景摄影测量中的立体摄影中，当移动目标物较移动相机更为方便时，常使用此方法。在工厂传送带上，对部件进行质量控制是一种典型例子。这时，位于 S 的单个 CCD 摄像机，对传送带上不断平移过来的众多部件一一进行立体摄像。

（三）旋转被摄目标法

将被测目标 M 置放在一个可绕竖轴旋转的平台上，以不动的单个相机 S 对其进行立体

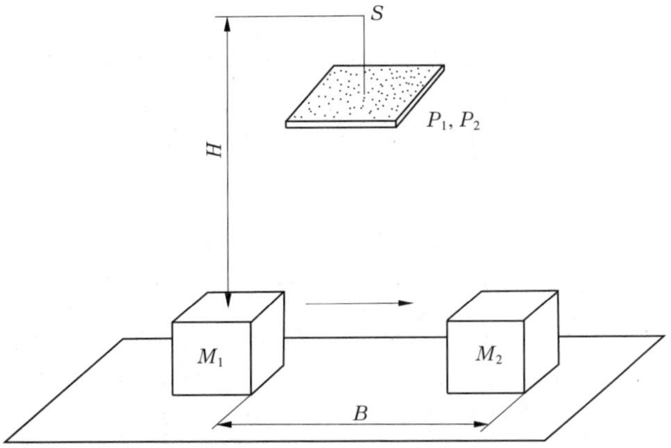

图 2-20　移动被摄目标法获取立体像对

摄影,如图 2-21 所示,称为旋转被测目标的立体摄影法。当被测目标较轻小,且需要测定其立体形状时,宜使用本法。此方法容易保持不动相机的内外方位元素,简化了后续摄影测量处理过程。使用此种方法,既没有转动的背景也没有立体影像生成,为消除背景影像,也可设法造就黑色背景。用此法所生成的立体影像,相当于一种交向摄影像对。

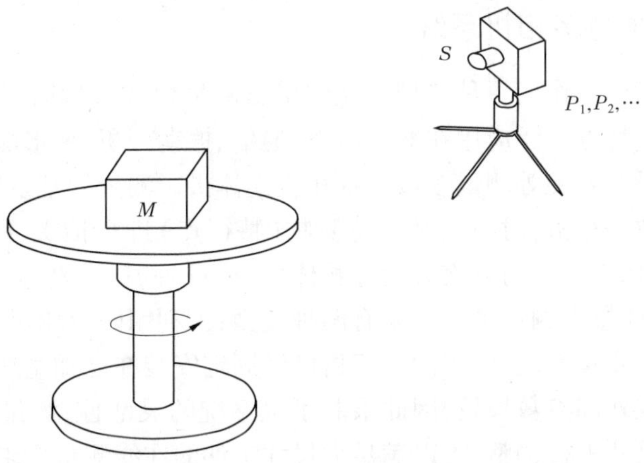

图 2-21　旋转被摄目标法获取立体像对

(四)同一物镜法

立体摄影的同一物镜法原理如图 2-22 所示,是在单个摄影机的物镜前方设置一对平面镜(或直角棱镜)光学元件。通过同一物镜,把同一底片分成左、右两半,形成立体影像。此一对光学元件间的距离即是摄影基线。

立体摄影的同一物镜法的同步性能显然最为可靠,但摄影基线一般均较短,限制了它的应用范围。种类繁多的普及型立体照相机以及多联(多镜头)立体相机的结构也属此种原理。

顺便指出以下两个问题:

(1)应区分景深引起的模糊和物体运动引起的模糊。

(2)选择高感光度的感光材料,是解决运动物体摄影的一种方法。

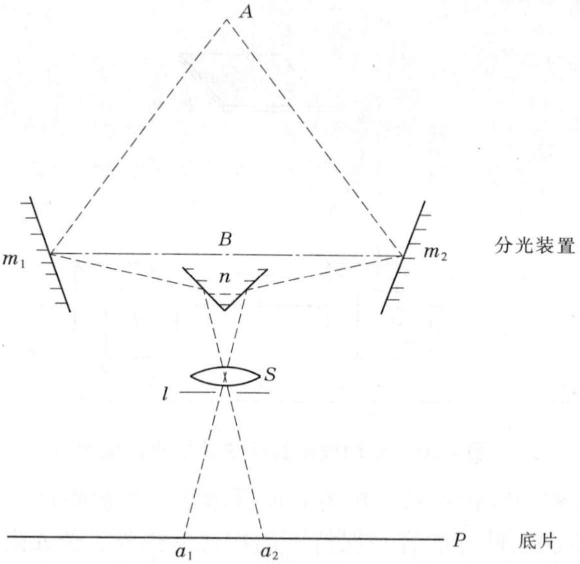

图 2-22　同一物镜法获取立体像对

三、双相机系统与多相机系统

双相机立体摄影测量作为一种典型的立体摄影测量模式，以其在线性、实时性、快速性等独特的优势和测量特点广泛应用在航天航空、通信、振动分析、变形测量、部件动力学和风洞试验以及高精度设备安装等测量领域。双相机立体摄影测量的基本原理是利用相对位置和姿态已知的两台数码相机，对空间某一待测物（特征点）进行拍摄，图像处理得到相应的像点坐标，通过同名像点匹配前方交会计算物体（特征点）的三维坐标。

目前，双相机立体摄影测量系统主要有两种类型：①利用两台相对位置固定的相机组成被动式立体近景摄影测量系统，由于两台相机已经固定安装在已知基线长的支架上，一般情况下在实验室内完成外部参数检校，因此限制了该系统的灵活性，测量的视场范围有限，不能根据待测物体的尺寸进行调整，难以满足大尺寸工件的在线测量要求；②利用两台任意放置的相机组成，两台相机的相对位置关系和姿态信息通过现场检校获得。该系统尽管提高了测量灵活性和测量范围，但是现场检校是一种关键技术问题。

20 世纪 90 年代以后，双相机立体近景摄影测量开始从理论研究走上应用，该技术在国外这个时期发展较快，到目前为止国外已经拥有多种成熟的产品，其中比较典型的有美国 GSI 公司的 V－STARS/M8 双相机测量系统、挪威 Metronor 公司的 Metronor/Duo 系统、德国 Gom 公司的 PONTOS 系统，国内主要是辰维科技公司的 MPS/M 系统等。

辰维科技公司的 MPS/M 系统是一种基于双（多）相机的实时三维坐标测量系统，如图 2-23所示。它通过两台测量相机连接笔记本电脑组成的联机测量系统，实现快速、准确和实时的测量。MPS/M 系统不仅可以对粘贴有回光反射的标志点的待测物进行测量，还可以利用手持式测量笔（Probe）实现尺寸和隐蔽点的测量，典型测量精度为 8 μm＋8 μm/m。

为了提高像点匹配的正确率，在双相机立体摄影测量的基础上，增加一台或多台相机组成多相机立体摄影测量系统，从多个不同视场角度同步拍摄被测物体，通过像点提取、匹配

图 2-23　MPS/M 系统

以及前方交会原理,完成对待测点的三维坐标测量。

三相机立体近景摄影测量系统是多相机立体摄影测量系统中的一个特例,是立体摄影测量减小误匹配常采用的一种方法,该系统通常将外部参数已经精确检校的三台相机固定在一个已知基线长的支架上,利用三台相机同步拍摄被测物体进行成像来确定其三维坐标,如图 2-24 所示为 Krypton 公司推出的 600 – CMM 三相机测量系统,如图 2-25 所示为国内生产的四目立体相机产品。

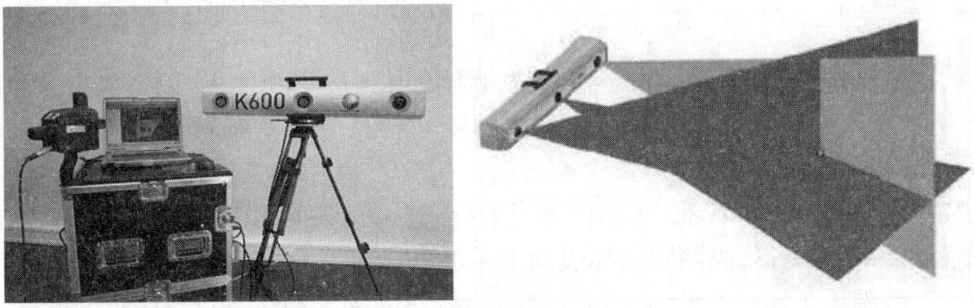

图 2-24　600 – CMM 三相机测量系统

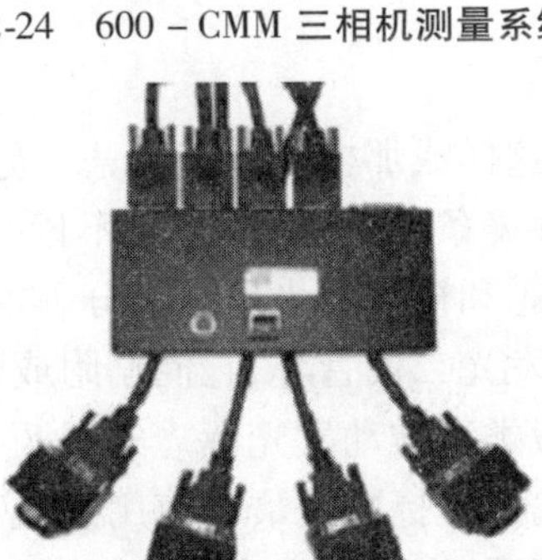

图 2-25　MVC360SAM/C 四目立体相机产品

多相机系统一般是对动态物体进行测量,所有相机应在同一时刻获取物体像片,并将数据传输到控制中心。为了使各相机拍到同一时刻的场景,必须对多台相机进行同步触发拍照。同步信号端口是高速相机和许多高端相机的标准配置。对于由多台相机组成的近景摄影测量系统，其相机同步方式分为内同步和外同步。

第四节　近景摄影相关技术处理

一、被测物体的表面处理

在待测物体表面人工制作某种纹理以保证和提高影像识别与摄影测量量测性能的工作称为摄影工作的表面处理。对近景摄影测量的大多数对象，无须进行表面处理工作。而色调单一、缺少纹理的目标，其人工或自动的识别和量测就会遇到困难。例如人体肌肤、光滑金属表面的大型机械（轿车外壳、飞机及其他飞行体的外结构与内结构，舰船或其部件的内外结构等）、玻璃钢制品、石膏制品、金属或水泥粉刷的大型管道和隧道的内结构，多种仓罐的内形状测定，某些窟室及亭台楼阁的内形状测定，以及各类地下工程（包括防空及多种军事工程）内结构等，就属于此类目标。个别情况下，除表面处理外，尚需注意背景的处理。

表面处理的方法有多种，它们是：

（1）利用投影设备，将线条密度和线条粗细度适宜的光栅、格网或斑纹图案，投影到被测物体表面，以形成人工纹理。光栅、格网或斑纹图案一般制作在玻璃上。设计中，自然应考虑线划的密度和线划自身的粗细度，应考虑投影时的放大比例尺，以及摄影测量的精度要求。光栅和格网一般是由等间距的平行线条构成的，而斑纹则是由计算机按一定法则生成的。

（2）利用激光经纬仪，将激光按一定扫描规则投射到被测物体上，以形成人工纹理。典型的例子是隧道等封闭构筑物的测量。选用的感光材料应对氦氖激光器所发射的红光敏感。

（3）按一定间隔将某种标志，包括回光反射标志（retro-reflective targets，RRT），贴附在被测物体表面。一般情况下，当测定物体表面上一群密度足够的点位时，可使用本方法。

（4）手工绘制人工纹理。绘制中应注意纹理线条的密度和线条自身的粗细度。

二、人工标志

近景摄影测量中，经常布置这样或那样的人工标志。这些人工标志或者是用作控制点或者是用作待测未知点。非但环境条件不允许，一般不以自然物作为控制点使用。从发光角度看，人工标志有主动发光标志和被动发光标志之分。主动发光标志就是某种点光源，点光源可以是一般的电灯泡、频闪发光二极管等，它们贴附或固定在被测物体上。主动发光标志多用于动态物体的测定。一般类型被动发光标志通过反射外来光源成像，它有一般反射类型和回光反射类型两种。被动发光标志是最常使用的人工标志，依需要，其质地可以是纸张、不锈钢、磁铁等。从形状角度看，人工标志多数是平面形，但也有使用球形标志的。平面标志多用于从一个角度测量被测物体，球形标志多用于从多个角度测量物体，以至于环绕目标测量该物体。为了提高测量精度和可靠性，人工标志的质地、形状和大小与测量方法、测量对象的要求以及环境有关。目前，近景摄影测量中常用的人工标志分为以下几类：定向反光标志、光学标志、编码标志、工具标志和特征标志。

(一)定向反光标志

定向反光标志(RRT)是近景摄影测量中使用最广泛的标志,它的特点是反射亮度比漫射白色标志高出数百倍甚至上千倍,可以轻松得到被测目标物自身影像"消隐",RRT 标志的构像却是特别清晰而突出的准二值影像,因此 RRT 标志在精密工业测量中广为应用。图 2-26为某大型天线模胎表面的 RRT 标志影像。

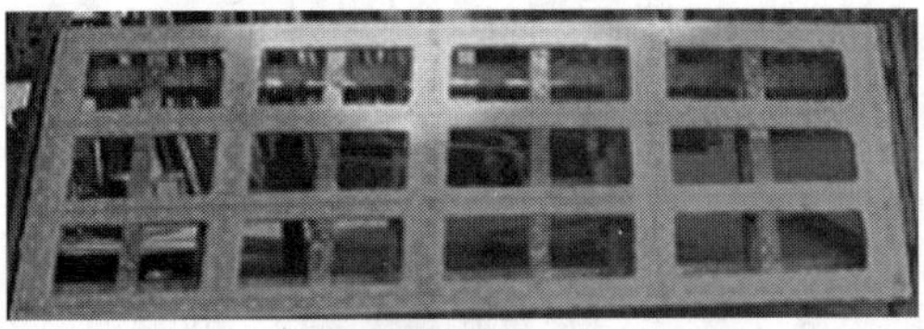
(a)常规影像

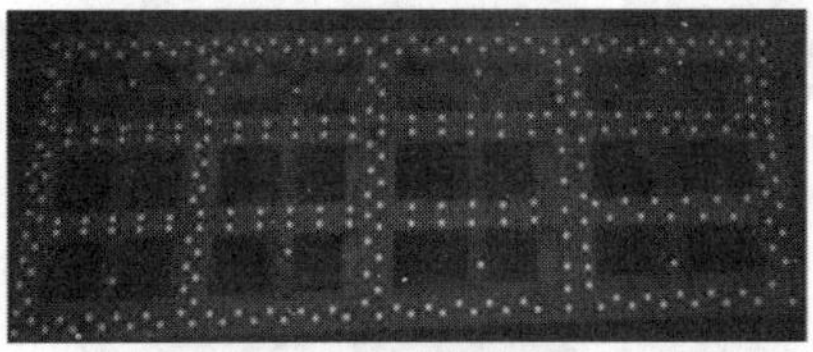
(b)准二值影像

图 2-26 某大型天线模胎表面的 RRT 标志影像

定向反光标志主要是基于高折射率玻璃微珠和微晶立方角体两种特殊的材料结构组成。高折射率玻璃微珠定向反光材料的主要结构是一种数十微米直径的玻璃珠。由于玻璃与空气的折射率不同,光线通过玻璃珠聚焦于珠后一点,如图 2-27 所示;如果在焦点处贴上一层反光面,就可以将射入的光束沿入射方向反射出来,如图 2-28 所示。

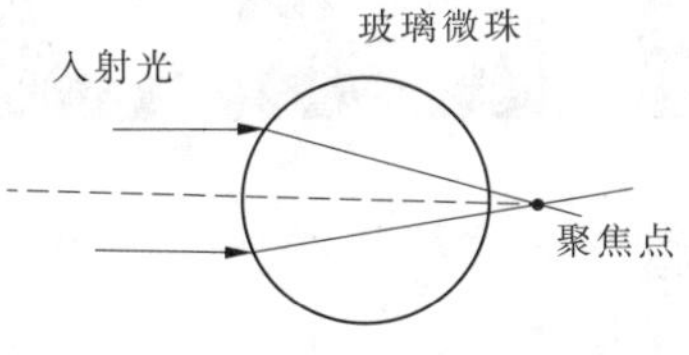

图 2-27 光线通过玻璃微珠在背面聚焦

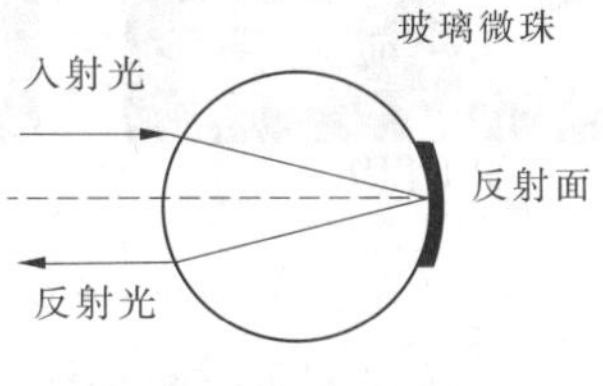

图 2-28 在背面贴反光面后定向反射

微晶立方角体其实就是一个微棱镜,如图 2-29 所示,由三个垂直的直角棱镜组成,使入射光由原方向反射回去。

每一微晶立方体联结排列后,在 1 cm^2 的材料面积上会有 930 个以上的微晶立方角体,形成精密反射阵列,如图 2-30 所示。微晶立方角体下层经密封后形成一空气层,使入射光线形成内部全反射,从而不需借助金属反射层即可达到最优越的反光效果,如图 2-31 所示。美国 3M 公司生产的钻石级系列微棱镜反光膜的亮度为其基于玻璃微珠材料结构的工程级的 6 倍以上,是高强级的 3 倍以上,如图 2-32 所示。

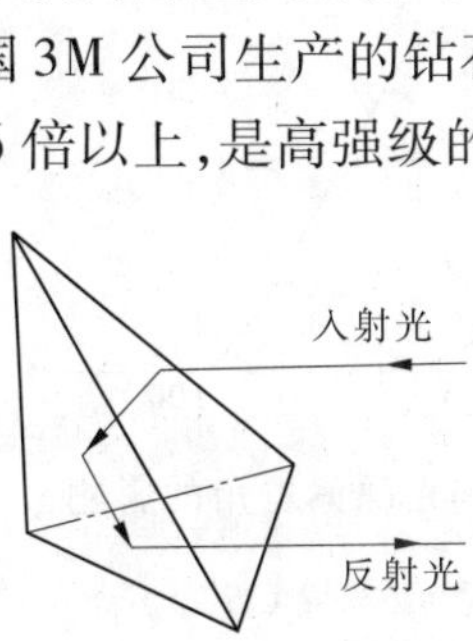

图 2-29 微棱镜

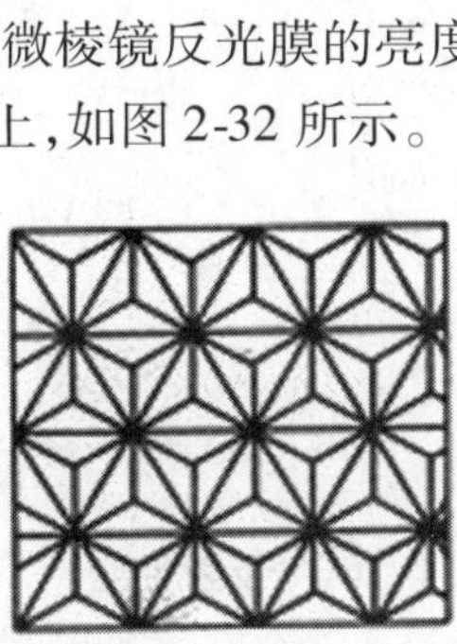
图 2-30 微棱镜阵列

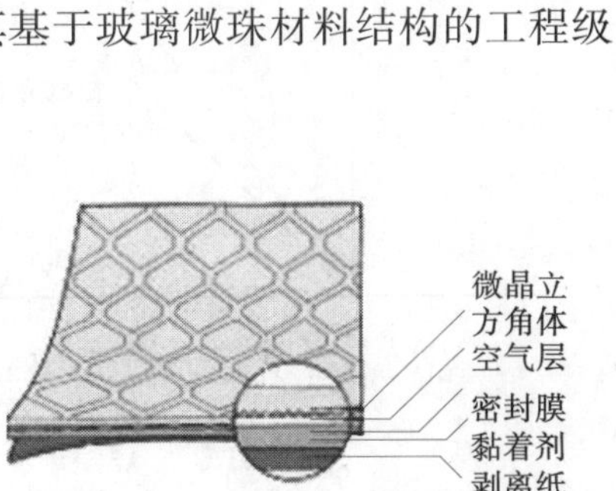

图 2-31 微棱镜反光膜构造

由于定向反光材料独特的反光特性,故采用其来制作成精密测量用的人工标志,可以获取准二值影像,以利于图像处理和提高测量精度。现采用 3M 公司生产的工程级(平顶型玻璃微珠材料)、超强级(微晶立方角体材料)和钻石级(微晶立方角体材料)反光膜制作了圆形人工标志,如图 2-33 所示。

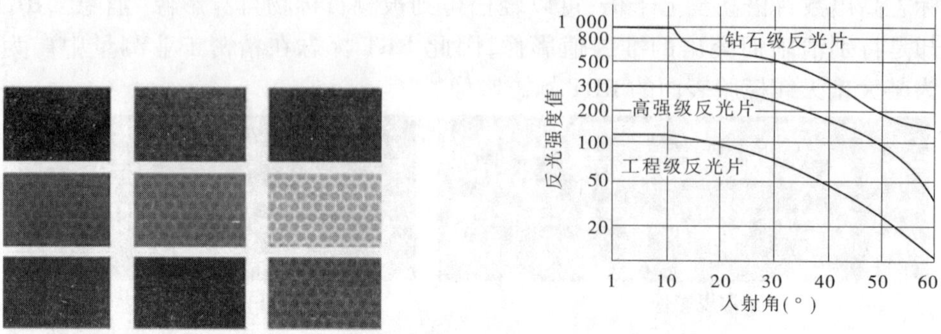

图 2-32　3M Scotchlite 系列反光膜及其反光强度(0.2°观测角)

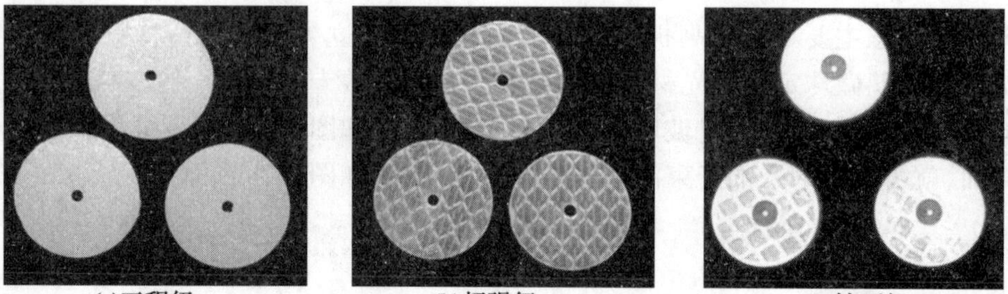

(a)工程级　(b)超强级　(c)钻石级

图 2-33　圆形 3M RRT 标志

定向反光材料对光的反射能力取决于两个角度,即光线入射角度 γ 与光源偏差角 β(或观测角),见图 2-34。光线入射角 γ 是指闪光灯光源轴线与 RRT 标志所在的平面法线间的夹角;而光源偏差角 β 是指闪光灯轴线与相机光轴间的夹角。光源偏差角 β 越小,RRT 标志的反射能力越强。

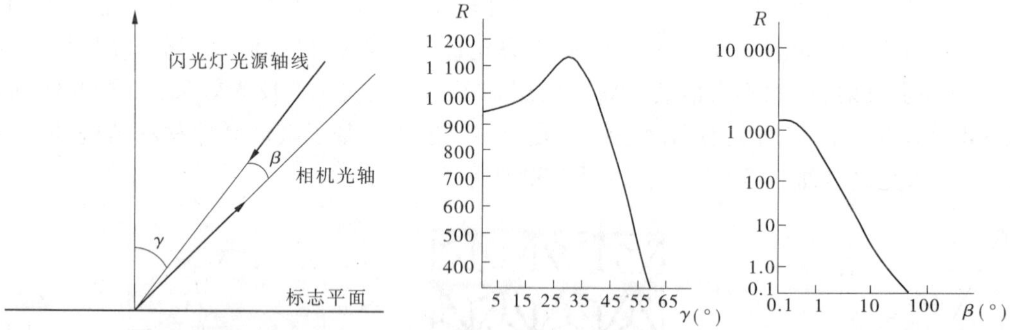

(a)入射角与光源偏差角　(b)入射角的影响　(c)光源偏差角的影响

图 2-34　RRT 反射性能

(二)光学标志

在近景摄影测量的过程中,有时候无法直接将标志点贴在被测物体上,比如高温锻件、有毒环境下的工件测量等。于是采用投点的方法,将反差很大的光点投射在被测物体上,然后通过拍照,提取物体的特征。常用的光学标志有激光投点器和白光投影标志等。

1. 激光投点器

激光点既可以在经纬仪测量系统中作为标志使用,又可以在摄影测量中使用。激光点由激光投点器投影得到,实际上是一种投影标志。用激光作为标志有很多重要的属性适合用于摄影测量,主要表现在:

(1)高亮性,很少受背景光源影响,能产生高对比度的标志图像。

(2)光谱带宽窄。由于激光产生器的机械结构,激光的带宽很窄,通过在相机里使用滤波器能够过滤掉多余的光源。

(3)高斯亮度(正态分布)分布。激光柱具有高斯亮度分布,这种分布可以通过空间进行传播并产生具有高斯亮度分布的标志图像。

(4)很好的方向性。激光柱的输出具有很好的方向性,适合作为摄影测量的标志。

(5)由于二极管激光最大光谱范围对硅是敏感的,硅是 CCD 的主要成分,因此二极管激光很适合做数字摄影测量的标志。

(6)有较好的光学调制能力和聚焦能力的二极管激光瞄准器价格也比较便宜,用自身带低压电源的激光投点器很方便使用,通过投点器对被测物体进行投点,可以节省人工的劳动量。

但激光作为摄影测量标志也有其不足的地方,主要表现在:

(1)光点不稳定。在二极管激光工作的工程中,由于会产生热量,对激光点的稳定性会产生影响。

(2)光斑。斑点是由不同路径长度的光线相互干涉的一致特性形成的,随机相位差引起干涉。斑点通过不同角度、距离、相机镜头产生不同的模式。图 2-35 为具有光斑的激光亮度分布三维图。

天津大学研制的绿色激光投点器(见图 2-36)已经在大型高温锻件在位检测现场取得了初步应用。

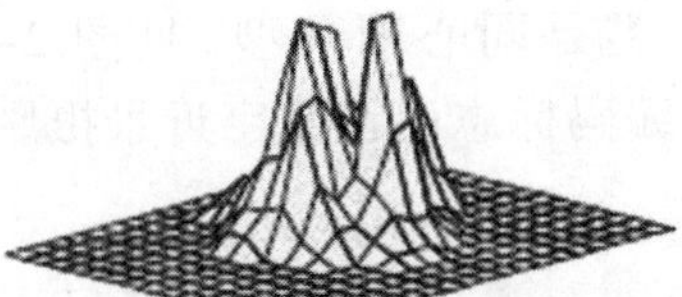

图 2-35　具有光斑的激光亮度分布三维图

图 2-36　天津大学研制的绿色激光投点器

2. 白光投影标志

在近景摄影测量中,也可以使用白色光通过投点器投出点或纹理作为测量的标志,如图 2-37所示。使用白色光投影作为近景摄影测量的标志点有以下几个优点:白色光具有高亮性,作为标志时能与被测物体表面产生高对比度,尤其适合对面状物体进行面型精度测量;通过对白光投影器使用不同的投影片(见图 2-38)可以产生密度不同的投影标志;由于投影具有非接触性,可以对不容易接近或者有危害的物体进行测量;能根据不同的面型调整投影点阵的形状,如图 2-39 所示。

图 2-37　GSI 公司的 PRO－SPOT 白光投影仪

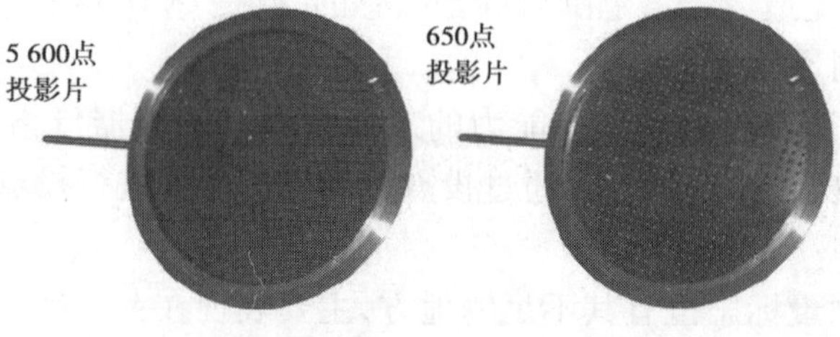

图 2-38　具有不同投影点数的投影片

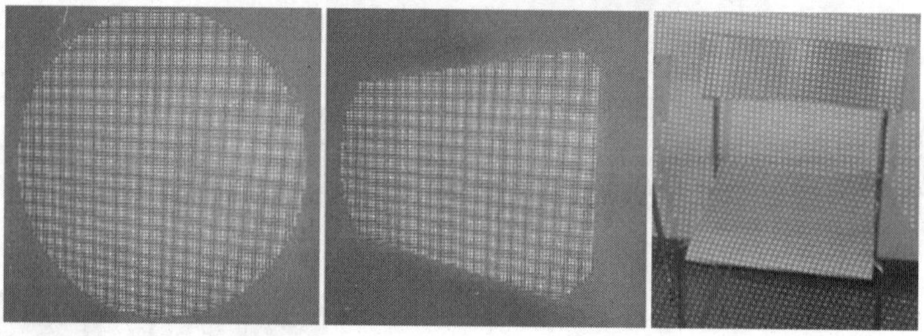

图 2-39　不同的投影效果

（三）编码标志

对普通标志进行编码使其具有唯一的身份信息,这样就可以对这些标志实现自动的探测、识别和测量。目前,编码标志主要分为两大类,一类是同心圆环型[见图 2-40(a)、(b)],另一类是点分布型[见图 2-40(c)、(d)]。目前,编码标志已在数字近景摄影测量的研究和应用中广泛应用。

（四）工具标志

工具标志是近景摄影测量过程中使用的一种工具性标志,主要起到承上启下和转接的作用。常见的工具标志有纽扣靶标、球形靶标等。

1. 纽扣靶标

纽扣靶标也就是“Pitoco”,通过金属铆钉连接基准点。纽扣靶标用于与飞机坐标系统对齐的基准点,如图 2-41 所示。

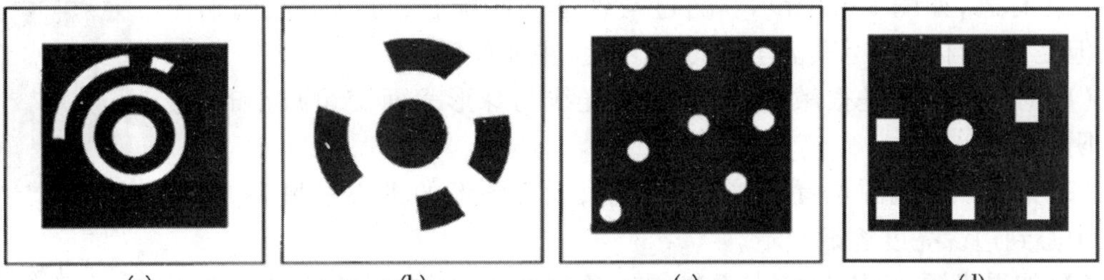

图 2-40　典型编码标志类型

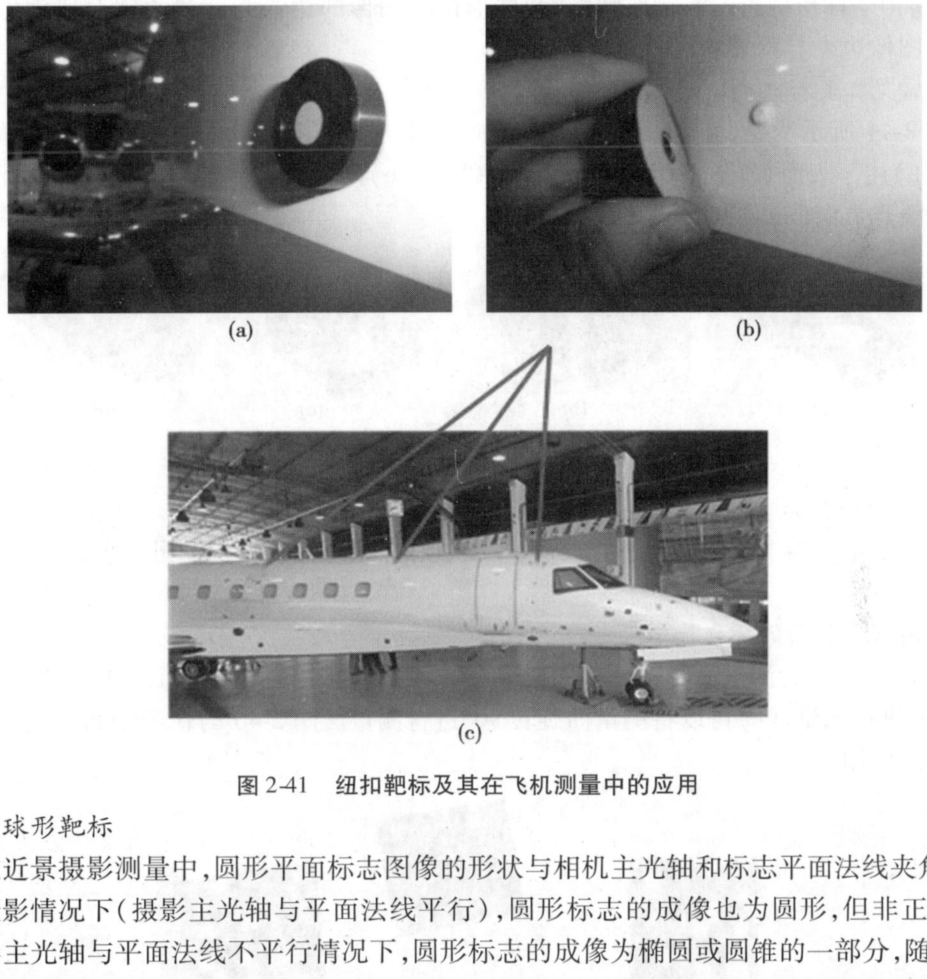

图 2-41　纽扣靶标及其在飞机测量中的应用

2. 球形靶标

在近景摄影测量中，圆形平面标志图像的形状与相机主光轴和标志平面法线夹角有关。正直摄影情况下（摄影主光轴与平面法线平行），圆形标志的成像也为圆形，但非正直摄影及摄影主光轴与平面法线不平行情况下，圆形标志的成像为椭圆或圆锥的一部分，随着主光轴与标志法线夹角增大，标志图像所成的椭圆也越窄，如图 2-42所示。椭圆图像越窄，在识别与定位时会增加识别的难度、降低定位精度，匹配精度也越低。

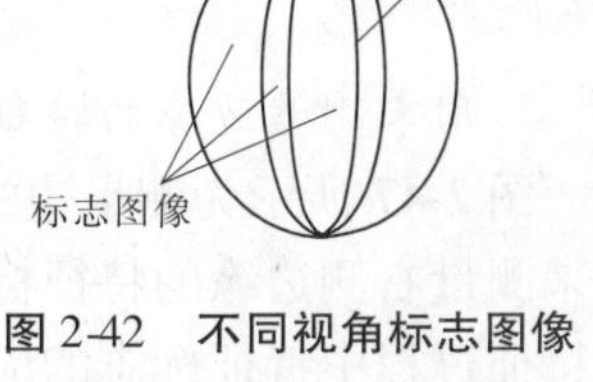

图 2-42　不同视角标志图像

球形标志具有旋转不变性，其图像与视角方向无关，理想情况下是圆形，特别适合大角度交向摄影的应用，可以很好地解决这方面问题。球形标志是选择球状物体作为摄影测量的标志，可以使用钢球、玻璃球、塑料球或特意加工的球形体作为标志，如图 2-43 所示。通过与外部照明配合，可以生成圆形图像。但是，球形标志在实际测量中也有不足，主要表现在：

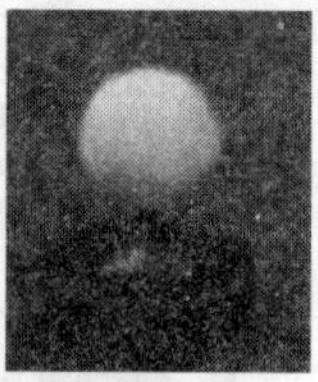

图 2-43　球形人工标志

(1) 对外部照明是很敏感的，当照明光线与球形表面交角减小时，会产生阴影。

(2) 如果照明光源位置太接近于相机，标志图像的中心是最亮的点，而从中心到边缘亮度逐渐变暗。

(3) 如果光源、相机与标志不在同一条直线上，标志图像中最亮点不在标志图像圆形的中心。

(4) 由于球形标志的实际形状影响，球形标志图像的边缘与背景之间对比度也不如平面标志图像边缘与背景之间的对比度明显。

3. 常见工具标志介绍

图 2-44 所示为常见工具标志，其中的 (a) 用于圆孔测量，并改变测量点方向 (转向 90°)；(b) 用于表面点转向 90°测量，底座带磁性；(c) 用于圆孔测量；(d) 用于圆孔测量，并改变测量点方向 (转向 45°)。

(a)　(b)　(c)　(d)

图 2-44　常见工具标志

（五）特征标志

特征标志是为了测量某些边缘点、边缘线、顶点、角点而设计的测量标志，一般由编码点组合而成。

1. 用来测量面的特征标志

图 2-45 所示为测量面的特征标志，其中 (a) 可以直接用来测量平面，(b) 可以将测量面旋转 45°进行测量，(c) 可以将测量面旋转 90°进行测量。图 2-46 为在测量面特征过程中特征标志的应用。

(a)　(b)　(c)

图 2-45　测量面的特征标志

2. 用来测量边缘的特征标志

图 2-47 所示为测量边缘的特征标志，其中 (a) 是用来测量左侧边缘的特征标志，(b) 是用来测量右侧边缘的特征标志，(c) 是用来测量背面边缘的特征标志。图 2-48 为在测量边缘特征过程中特征标志的应用。

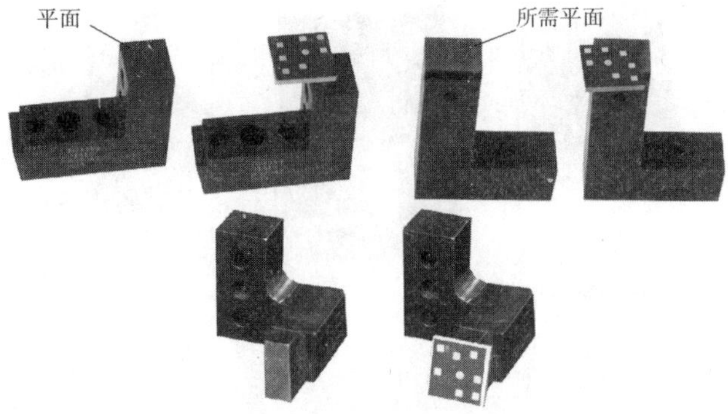

图 2-46 在测量面特征过程中特征标志的应用

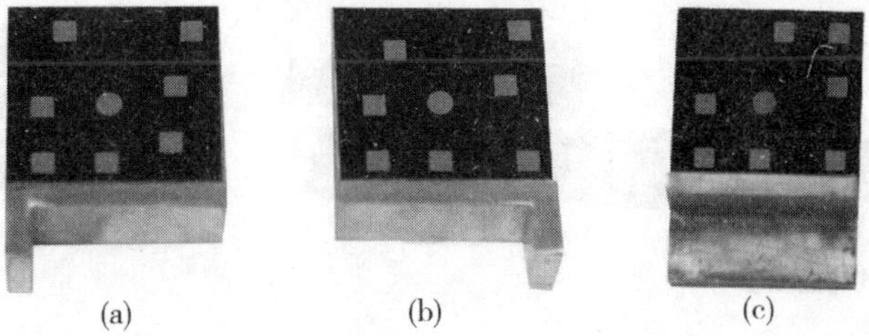

图 2-47 测量边缘的特征标志

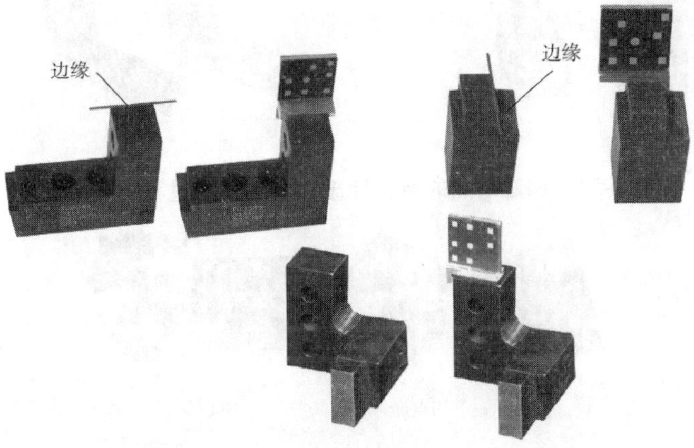

图 2-48 在测量边缘特征过程中特征标志的应用

3. 用来测量角点的特征标志

图 2-49 为测量角点的特征标志。图 2-50 为测量角点的特征标志在测量角点过程中的应用。

4. 用来测量圆的特征标志

图 2-51 为已知圆心和圆半径的特征标志。图 2-52 为已知圆心和圆半径的特征标志的应用。

图 2-53 为未知圆心和圆半径的特征标志。图 2-54 为其应用,在未知圆心和圆半径的条件下,用两个直角特征标志组合到一起对工件进行测量。

图 2-49　测量角点的特征标志

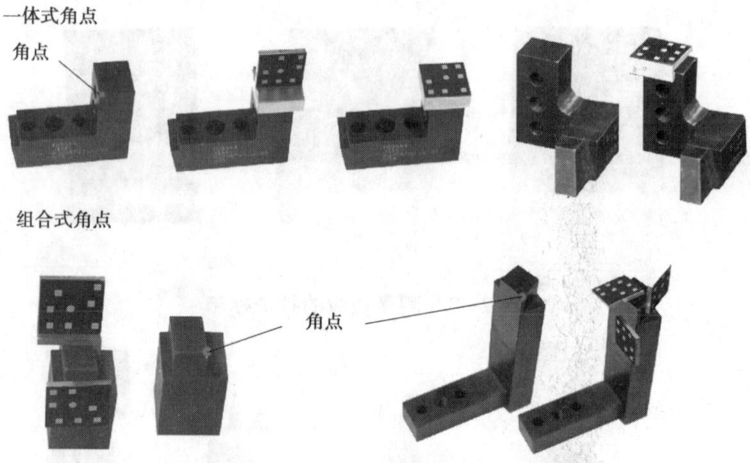

图 2-50　测量角点的特征标志在测量角点过程中的应用

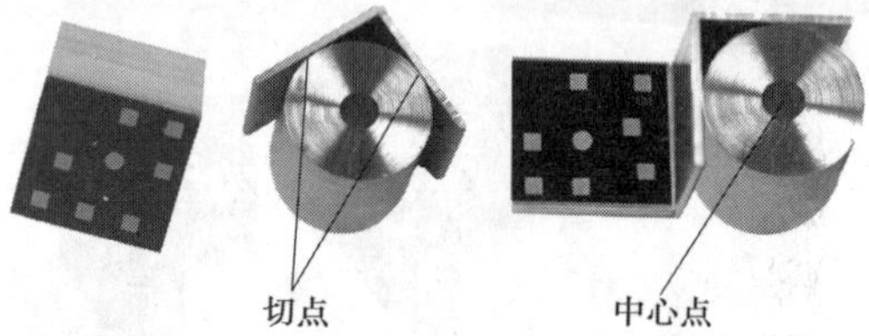

图 2-51　已知圆心和圆半径的特征标志

图 2-52　已知圆心和圆半径的特征标志的应用

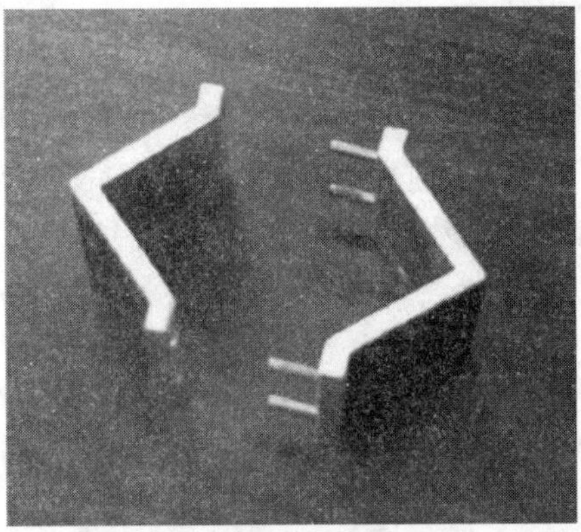

图 2-53 未知圆心和圆半径的特征标志

图 2-54 未知圆心和圆半径的特征标志的应用

三、照明

对不同类型被测物进行摄影时,自然光源与人工光源的正确使用是一个相当复杂的问题。使用自然光照明时,一般要求所摄对象的照度均匀,应尽量避免被测物体上的阴影和反光,即应尽量避免影像上出现特黑或特亮的现象。相宜的摄影时间应是日出后或日落前的几个小时,多云天气一般是最佳摄影天气。使用人工光照明时,最好布置多盏照明灯,以使照度均匀,尽量减少阴影。以数字摄影测量方法处理影像时,对照明质量要求最为苛刻。

在近景摄影测量系统中,常常由于光源选取不当造成系统效率低下。良好的光源可以使摄影测量系统事半功倍,不当的光源将使摄影测量系统事倍功半。因此,在近景摄影测量系统设计之初,应根据各类不同光源的特点,充分考虑光源的适应场合,选取恰当的光源,主要考虑以下几个因素:

(1)光源的颜色、寿命以及功耗。不同环境光下光源的颜色复合改变原有颜色,不同的芯片对不同颜色的光源响应程度不同。由于不同光源的寿命以及功耗不同,在使用时会直接影响测量系统的使用情况。因而,根据不同的工况,不同的相机芯片,选择光源时应考虑颜色、寿命以及功耗等因素。

(2)光源的强度。光线太强会影响测量系统,太弱亦会影响测量系统。恰当的光线强度才会使图像质量最佳,便于图像处理。

(3)去噪情况。选择光源的一个重要目的就是使成像过程中的噪声尽可能地减少,便于提高成像质量。

(4)光线的有效性。只有来自目标并进入镜头的光线才是有效光线,凡是非来自目标并进入镜头的光线就是杂散光线。有效光线对于成像有利,杂散光线对于成像不利,因而在选择光源及角度时需特别考虑这一因素。

(一)摄影闪光灯

闪光灯是摄影过程中最常使用的光源。在光照条件较差的环境下,拍照的瞬间,闪光灯能够发出高强度的光,从而可以清晰地拍摄到被测物体。如图 2-55 所示为常见的闪光灯。

环形闪光灯是拍摄定向反光标志时必需的光源设备,通常环绕在镜头周围,十分靠近镜头主光轴,如图 2-56所示。定向反光标志在这种近轴光源的照射下,可以生成标志亮度极

图 2-55　常见的闪光灯

大而背景几乎完全消失的准二值影像，为标志自动识别与量测提供有利条件。普通单反相机的环形闪光灯是固定在镜头上的。但考虑到闪光灯自身重量可能引起镜头不稳定，进而影响测量精度，因此最好是与镜头脱离而固定在机身上。

图 2-56　INCA3 相机的环形闪光灯

（二）LED 光源

LED 光源就是以发光二极管（LED）为发光体的光源。LED 光源具有发光效率高、耗电量少、使用寿命长、安全可靠性强、有利于环保等优点。在进行摄影测量的过程中，当照明条件不好时，用 LED 光源对被测物体进行照明，可以得到良好的照片质量。在近景摄影测量系统中常采用的 LED 光源有无影环形光源、条形光源、低角度光源、背景光源、点光源和平行光源。每种光源的侧重点是不同的，使用时以想要获取的特征为依据进行选择。图 2-57 所示为在摄影测量过程中常使用的 LED 光源。

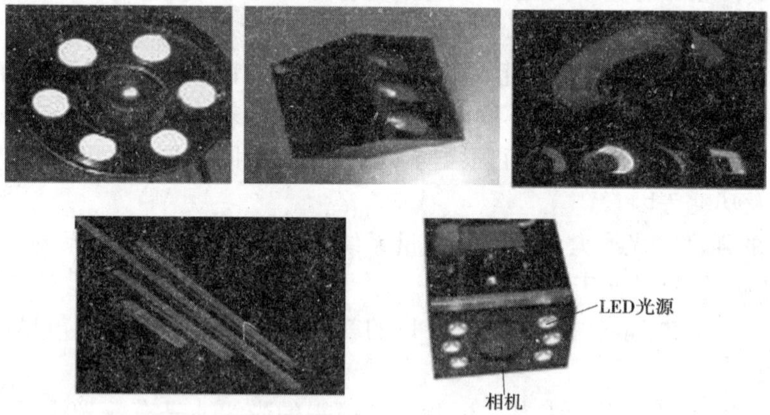

图 2-57　在摄影测量过程中常使用的 LED 光源

第三章 近景摄影测量的基础理论

第一节 近景摄影测量基本知识

近景摄影测量的研究对象是被摄物体的影像,在此基础上,对所获影像进行量测和解译,为此要对近景摄影测量像片进行解析,便于建立数学关系。

一、近景摄影测量常用的坐标系

坐标系在测量中的地位十分重要,因此在国内外数十年中,摄影测量的各个分支中,出现了诸多名类繁多的坐标系。近景摄影测量常用的坐标系有四种,分别是像平面坐标系、像空间坐标系、空间辅助坐标系、物方空间坐标系。

(一)像平面坐标系 $o—xy$

像平面坐标系的坐标原点为像主点 o,x 轴与 y 轴分别与框标坐标系的 x 轴、y 轴平行(影像画幅边缘),用以表示像点在像平面中的位置,如图 3-1 所示。实际中,像平面坐标系 $o—xy$ 与框标坐标系 $p—x'y'$之间存在坐标原点之间的平移关系,即

$$\begin{bmatrix} x \\ y \end{bmatrix} = \begin{bmatrix} x_a \\ y_a \end{bmatrix} - \begin{bmatrix} x_0 \\ y_0 \end{bmatrix}$$

式中 x、y——任一像点 a 在像平面坐标系 $o—xy$ 中的坐标;

x_a、y_a——任一像点 a 在框标坐标系 $p—x'y'$中的坐标;

x_0、y_0——像主点 o 在框标坐标系 $p—x'y'$中的坐标。

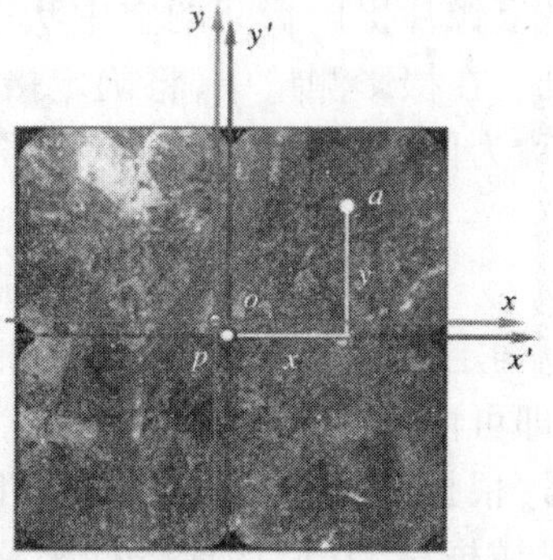

图 3-1 像平面坐标系 $o—xy$ 与框标坐标系 $p—x'y'$

(二)像空间坐标系 $S—xyz$

像空间坐标系用以表示像点在像方空间的位置。其坐标原点为摄影中心 S,取主光轴 So 为 z 轴,向上为正;x 轴、y 轴则分别与像平面坐标系($o—xy$)的 x 轴、y 轴平行且方向一

致，如图 3-2 所示，这样任一像点 a 在像空间坐标系 S—xyz 中的坐标为 $a(x,y,z)$，其中 $z=-f$，f 为主距，故任一像点在像空间坐标系中的坐标常用 $(x,y,-f)$ 表示。

（三）空间辅助坐标系 S—XYZ

空间辅助坐标系是为了解决某一问题而定义的辅助坐标系，其种类较多，实际应用中常根据不同坐标变换的需要，来选择坐标原点及坐标轴。在近景摄影测量中，它是像空间坐标系 S—xyz 和物方坐标系之间的过渡坐标系，它以摄站点 S 为坐标原点，坐标轴均与物方空间坐标系的坐标轴平行，如图 3-2 所示。

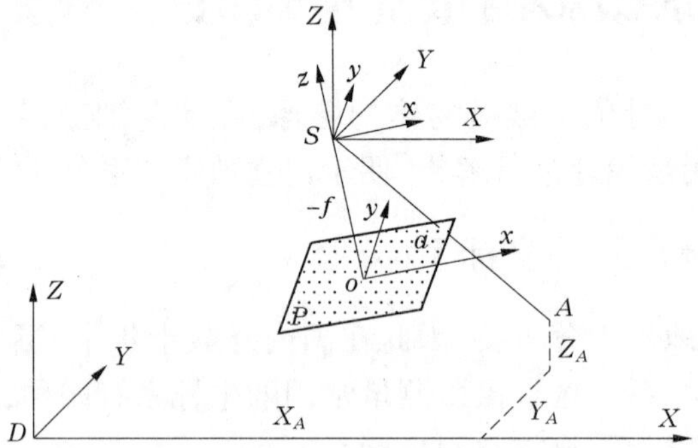

图 3-2　数字摄影测量常用的坐标系

（四）物方空间坐标系 D—XYZ

物方空间坐标系用来描述物体在空间的形状和运动状态，是在现场为了确定被测目标而定义的一个三维直角坐标系，如图 3-2 所示。该坐标系是右手直角坐标系，即当伸出右手时，让右手拇指指向 x 轴的正方向，食指指向 y 轴的正方向，如果中指能指向 z 轴的正方向，则称这个坐标系为右手直角坐标系，如果中指指向 z 轴的反方向，则是左手直角坐标系。

二、像片的内方位元素和外方位元素

摄影的瞬间，像片、摄影中心和物体三者之间的关系已经确定，如果能找到确定这三者之间关系的有关元素，就可以恢复像片摄影瞬间的空中状态。像片的方位元素是用于建立物、像之间数学关系的重要基础。在摄影测量中，将确定摄影瞬间摄影中心、像片与物体之间相关位置关系所需要的数据称为像片的方位元素。根据作用不同，像片的方位元素又分为内方位元素和外方位元素。

（一）内方位元素

在像片的方位元素中，用以确定摄影中心与像片平面相关位置的数据，称为像片的内方位元素。根据内方位元素参数即可恢复摄影瞬间光束形状。在量测摄影机中，物镜的焦平面有一贴附框，上面有框标记号，根据其位置分布不同有机械框标（四边中间）和光学框标（四角）之分，如图 3-3 所示为机械框标，它们构成框标坐标系 o'—$x'y'$，像主点在该坐标系中的坐标 (x_0,y_0)，以及主距 f，统称为像片的内方位元素。通常情况下，航摄相机在安置时不可避免地存在误差，因此像主点 o 往往与像片中心点 o' 并不重合，像主点在框标坐标系中的坐标为 (x_0,y_0)。

若在摄影瞬间，保持内方位元素 (x_0,y_0,f) 三个值不变，便能确定摄影机与像片平面之间的位置关系，在摄影瞬间，能够获得一个与摄影瞬间完全相似的光束，因此内方位元素的作用是确定或恢复摄影光束形状的要素。一般情况下,像片的内方位元素在相机检校之后可以提供,因此一般作为已知数据。

(二)外方位元素

在摄影像片的方位元素中,用以确定摄影光束的空间位置及其姿态的数据,称为像片的外方位元素。一幅影像的外方位元素共有六个,其中三个用来确定摄影光束空间位置的数据叫线元素;另三个用来确定摄影光束空间姿态的数据叫角元素。

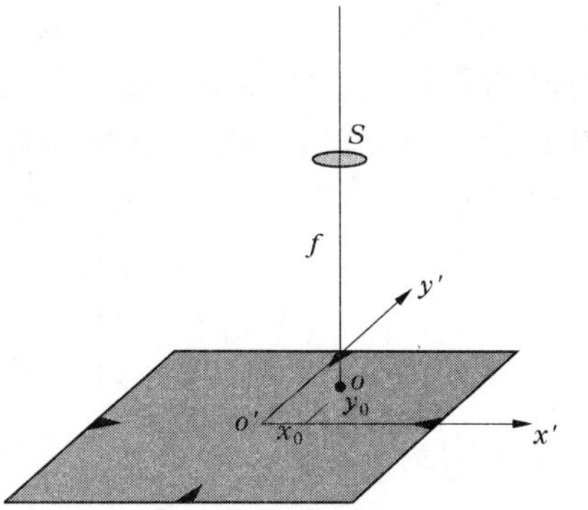

图 3-3　内方位元素示意图

1.线元素

外方位线元素指摄影中心 S 在物方空间坐标系中的坐标值(X_S,Y_S,Z_S),如图 3-4 所示。根据这三个坐标值,即可确定摄影瞬间摄影中心 S 在物方空间坐标系的空间位置。

2.角元素

外方位角元素指摄影中心 S 在摄影瞬间的空中姿态角(φ,ω,κ),如图 3-4 所示,(φ,ω)用于确定主光轴方位,κ 用于确定像片在像平面内的方位,根据这三个角度,便可确定光束在物方空间坐标系中的朝向。

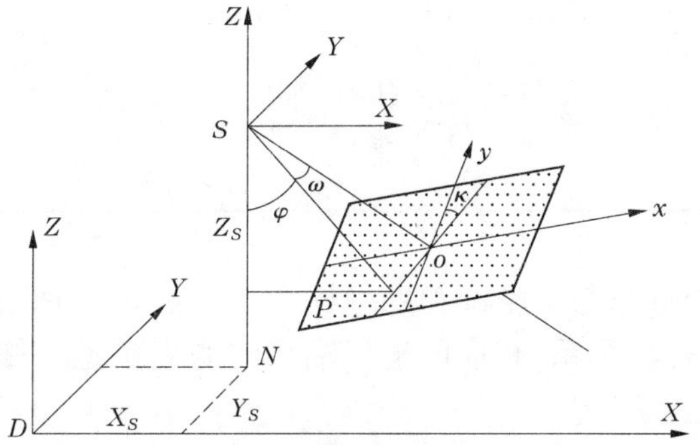

图 3-4　外方位元素示意图(φ-ω-κ 转角系统)

外方位角元素可看作是摄影机光轴从起始的铅垂方向绕空间坐标轴按某种次序连续三次旋转形成的。先绕第一轴旋转一个角度,其余两轴的空间方位随同变化;再绕变动后的第二轴旋转一个角度,两次旋转的结果达到恢复摄影机主光轴的空间方位;最后绕经过两次变动的第三轴(主光轴)旋转一个角度,亦即像片在其自身平面内绕像主点旋转一个角度。像片由理想姿态到实际摄影时的姿态依次旋转的三个角值,就是像片的三个外方位角元素。

在摄影测量中,表达摄影机的角定向元素的两种典型方法是以 Z 轴为主轴的 A-ν-κ 转角系统和以 Y 轴为主轴的 φ-ω-κ 转角系统。我国常用的系统是以 Y 轴为主轴的 φ-ω-κ 转角系统先绕主轴 Y 旋转 φ 角,再绕已转了 φ 角的副轴 X_{φ},旋转 ω 角,最后绕已转了 φ 角和 ω 角的 $Z_{\varphi\omega}$ 轴(主光轴的实际位置)旋转 κ 角,如图 3-4 所示。

三、空间坐标转换式

在摄影测量中,为了利用像点坐标计算相应的地面点坐标,首先应建立像点在不同的空间直角坐标系之间的坐标转换关系。空间直角坐标变换是正交变换，一个坐标系按照某种顺序依次旋转三个角度即可变换为另一个同原点的坐标系。设某像点 a 在像空间坐标系中的坐标为$(x,y,z)(z=-f)$，在像空间辅助坐标系 $S—XYZ$，其坐标为(X,Y,Z)。

由解析几何可知，像点 a 在这两种坐标系中的坐标关系式为

$$\begin{bmatrix} X \\ Y \\ Z \end{bmatrix} = \boldsymbol{R} \begin{bmatrix} x \\ y \\ -f \end{bmatrix} = \begin{bmatrix} a_1 & a_2 & a_3 \\ b_1 & b_2 & b_3 \\ c_1 & c_2 & c_3 \end{bmatrix} \begin{bmatrix} x \\ y \\ -f \end{bmatrix} \tag{3-1}$$

还可写为

$$\begin{bmatrix} x \\ y \\ -f \end{bmatrix} = \boldsymbol{R}^{-1} \begin{bmatrix} X \\ Y \\ Z \end{bmatrix} = \boldsymbol{R}^{\mathrm{T}} \begin{bmatrix} X \\ Y \\ Z \end{bmatrix} = \begin{bmatrix} a_1 & b_1 & c_1 \\ a_2 & b_2 & c_2 \\ a_3 & b_3 & c_3 \end{bmatrix} \begin{bmatrix} X \\ Y \\ Z \end{bmatrix} \tag{3-2}$$

式中　$\boldsymbol{R}$——旋转矩阵；

a_i、b_i、c_i——方向余弦，即两坐标轴间夹角的余弦值，$i=1,2,3$。

方向余弦关系式可由表 3-1 给出，其中矩阵 $\boldsymbol{R}$ 为 3×3 阶的正交矩阵，上述变换属于正交变换。

表 3-1　方向余弦关系式

(cos)	x	y	z
X	a_1	a_2	a_3
Y	b_1	b_2	b_3
Z	c_1	c_2	c_3

方向余弦是像空间坐标系与像空间辅助坐标系相应两坐标轴系间夹角的余弦值，但按式(3-1)所定义的上述两种坐标系，相应两坐标轴系间的夹角是未知的，所以无法直接通过轴系间夹角求得方向余弦。

由前面的讨论可以知道，像空间坐标系可以看作是由像空间辅助坐标系经过三个角度的旋转得到的，即像空间辅助坐标系经过三个外方位元素旋转后，恰好与像空间坐标系重合。因此，确定方向余弦的方法不涉及两坐标轴系的夹角，而由三个外方位元素来计算两坐标轴系间夹角的余弦值。由于外方位元素有三种不同的选取方法，所以用角元素计算来的方向余弦也有三种表达式，选择我国常用的以 Y 轴为主轴的 φ-ω-κ 系统的坐标转换加以介绍。

分析像点在像空间坐标系与像空间辅助坐标系中的关系式时，首先假设像空间坐标系与空间辅助坐标系相应三轴分别重合，称为起始位置。从起始位置出发，像空间辅助坐标系先绕 y 轴旋转 φ 角，使 $S—XYZ$ 坐标系变成 $S—X_\varphi Y_\varphi Z_\varphi$ 坐标系；然后绕 X 轴旋转 ω 角，使 $S—X_\varphi Y_\varphi Z_\varphi$ 变到 $S—X_{\varphi\omega} Y_{\varphi\omega} Z_{\varphi\omega}$ 坐标系，达到 $Z_{\varphi\omega}$ 与光轴 So 重合；最后像片再绕 $Z_{\varphi\omega}$(So 轴)旋转 κ 角。经上述三个角度的旋转后，像空间辅助坐标系与像空间坐标系完全重合。下面进行推演。

(1)坐标系 $S—XYZ$ 绕 Y 轴旋转 φ 角后得到坐标系 $S—X_\varphi Y_\varphi Z_\varphi$，因 Y 轴与 Y_φ 重合，其像点 a 在 Y 轴上的坐标分量不变，其实质是一个二维的旋转变换，两坐标的关系式为

$$\left.\begin{aligned} X &= X_\varphi \cos\varphi - Z_\varphi \sin\varphi \\ Y &= Y_\varphi \\ Z &= X_\varphi \sin\varphi + Z_\varphi \cos\varphi \end{aligned}\right\} \tag{3-3}$$

式(3-3)写成矩阵的形式为

$$\begin{bmatrix} X \\ Y \\ Z \end{bmatrix} = \begin{bmatrix} \cos\varphi & 0 & -\sin\varphi \\ 0 & 1 & 0 \\ \sin\varphi & 0 & \cos\varphi \end{bmatrix} \begin{bmatrix} X_\varphi \\ Y_\varphi \\ Z_\varphi \end{bmatrix} = \boldsymbol{R}_\varphi \begin{bmatrix} X_\varphi \\ Y_\varphi \\ Z_\varphi \end{bmatrix} \tag{3-4}$$

(2)坐标系 $S—X_\varphi Y_\varphi Z_\varphi$ 绕 X_φ 轴旋转 ω 角后得到坐标系 $S—X_{\varphi\omega} Y_{\varphi\omega} Z_{\varphi\omega}$，此时像点在两种坐标关系中的关系如图 3-5 所示，则

$$\left.\begin{aligned} X_\varphi &= X_{\varphi\omega} \\ Y_\varphi &= Y_{\varphi\omega} \cos\omega - Z_{\varphi\omega} \sin\omega \\ Z_\varphi &= Y_{\varphi\omega} \sin\omega + Z_{\varphi\omega} \cos\omega \end{aligned}\right\} \tag{3-5}$$

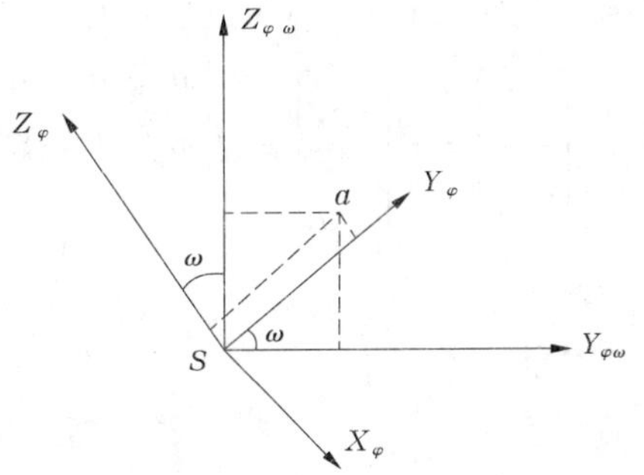

图 3-5　坐标系 $S—X_\varphi Y_\varphi Z_\varphi$ 绕 X_φ 轴旋转 ω 角

其中 X_φ 坐标不变，变换式可写成矩阵形式有

$$\begin{bmatrix} X_\varphi \\ Y_\varphi \\ Z_\varphi \end{bmatrix} = \begin{bmatrix} 1 & 0 & 0 \\ 0 & \cos\omega & -\sin\omega \\ 0 & \sin\omega & \cos\omega \end{bmatrix} \begin{bmatrix} X_{\varphi\omega} \\ Y_{\varphi\omega} \\ Z_{\varphi\omega} \end{bmatrix} = \boldsymbol{R}_\omega \begin{bmatrix} X_{\varphi\omega} \\ Y_{\varphi\omega} \\ Z_{\varphi\omega} \end{bmatrix} \tag{3-6}$$

此时的 $Z_{\varphi\omega}$ 轴已与光轴 So 重合，即与像空间坐标系的 Z 轴重合。

(3)坐标系 $S—X_{\varphi\omega} Y_{\varphi\omega} Z_{\varphi\omega}$ 绕 Z 轴旋转 κ 角后，得到 $S—X_{\varphi\omega\kappa} Y_{\varphi\omega\kappa} Z_{\varphi\omega\kappa}$ 坐标系，即 $S—xyz$，此时 Z 轴上的坐标分量不变，像点 a 在两种坐标系中的关系如图 3-6 所示。

$$\left.\begin{aligned} X_{\varphi\omega} &= x\cos\kappa - y\sin\kappa \\ Y_{\varphi\omega} &= x\sin\kappa + y\cos\kappa \\ Z_{\varphi\omega} &= -f \end{aligned}\right\} \tag{3-7}$$

变换关系式可写为

$$\begin{bmatrix} X_{\varphi\omega} \\ Y_{\varphi\omega} \\ Z_{\varphi\omega} \end{bmatrix} = \begin{bmatrix} \cos\kappa & -\sin\kappa & 0 \\ \sin\kappa & \cos\kappa & 0 \\ 0 & 0 & 1 \end{bmatrix} \begin{bmatrix} x \\ y \\ -f \end{bmatrix} = \boldsymbol{R}_\kappa \begin{bmatrix} x \\ y \\ -f \end{bmatrix} \tag{3-8}$$

经回代，即式(3-8)代入式(3-6)后再代入式(3-4)，最后得到

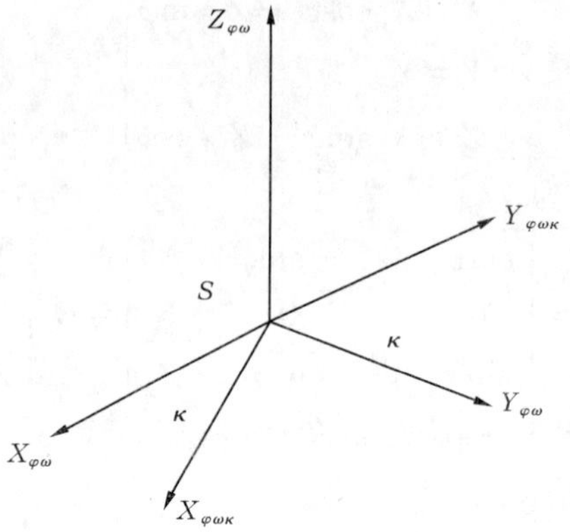

图 3-6　坐标系 $S—X_{\varphi\omega}Y_{\varphi\omega}Z_{\varphi\omega}$ 绕 Z 轴旋转 κ 角

$$\begin{bmatrix} X \\ Y \\ Z \end{bmatrix} = \begin{bmatrix} \cos\varphi & 0 & -\sin\varphi \\ 0 & 1 & 1 \\ \sin\varphi & 0 & \cos\varphi \end{bmatrix} \begin{bmatrix} 1 & 0 & 0 \\ 0 & \cos\omega & -\sin\omega \\ 0 & \sin\omega & \cos\omega \end{bmatrix} \begin{bmatrix} \cos\kappa & -\sin\kappa & 0 \\ \sin\kappa & \cos\kappa & 0 \\ 0 & 0 & 1 \end{bmatrix} \begin{bmatrix} x \\ y \\ -f \end{bmatrix} =$$

$$\boldsymbol{R}_{\varphi}\boldsymbol{R}_{\omega}\boldsymbol{R}_{\kappa} \begin{bmatrix} x \\ y \\ -f \end{bmatrix} = \boldsymbol{R} \begin{bmatrix} x \\ y \\ -f \end{bmatrix} = \boldsymbol{R} \begin{bmatrix} a_1 & a_2 & a_3 \\ b_1 & b_2 & b_3 \\ c_1 & c_2 & c_3 \end{bmatrix} \tag{3-9}$$

式中　$a_1 = \cos\varphi\cos\kappa - \sin\varphi\sin\omega\sin\kappa$;

$a_2 = -\cos\varphi\sin\kappa - \sin\varphi\sin\omega\cos\kappa$;

$a_3 = -\sin\varphi\cos\omega$;

$b_1 = \cos\omega\sin\kappa$;

$b_2 = \cos\omega\cos\kappa$;

$b_3 = -\sin\omega$;

$c_1 = \sin\varphi\sin\kappa + \cos\varphi\sin\omega\sin\kappa$;

$c_2 = -\sin\varphi\sin\kappa + \cos\varphi\sin\omega\cos\kappa$;

$c_3 = \cos\varphi\cos\omega$。

由式(3-9)可以看出，如果已知一幅影像的三个姿态角元素 φ、ω、κ，就可以求出九个方向余弦，也就知道了像空间坐标系转换到像空间辅助坐标系的正交矩阵 $\boldsymbol{R}$，从而可以实现这两种空间坐标系的相互转换。

四、共线条件方程式

共线条件方程式是中心投影构像的数学基础，也是各种摄影测量处理方法的重要理论基础，如单像空间后方交会、双像空间前方交会以及光束法平差区域网模型等一系列问题的原理，都是以共线条件方程作为出发点，根据处理的问题不同，共线条件的表达形式和使用方法有所不同。

共线方程式是描述了像点 a、摄影中心 S 与地面点 A 位于一条直线上，所以又称共线方程式。选取物方空间坐标系 $D—XYZ$ 及像空间辅助坐标系 $S—XYZ$，并使这两种坐标系的坐标轴彼此平行，如图 3-7 所示。

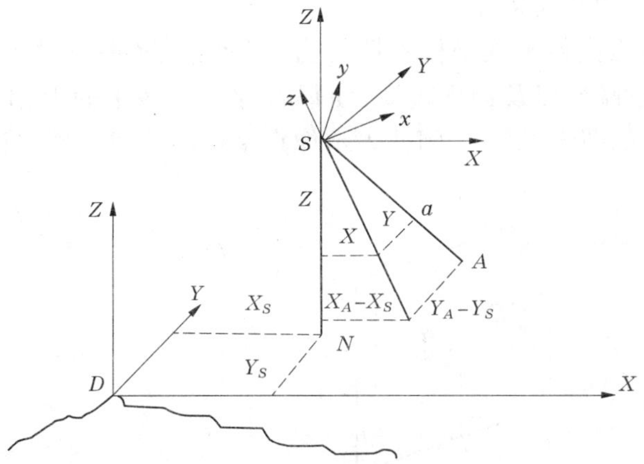

图 3-7　中心投影构像关系

设摄影中心 S 在地面摄影测量坐标系中的坐标分别是(X_S,Y_S,Z_S)，任一地面点 A 在物方坐标系中的坐标为(X_A,Y_A,Z_A)，像点 a 在像空间坐标为$(x,y,-f)$，在像空间辅助坐标系中的坐标为(X,Y,Z)，由于 S、a、A 三点共线，因此由相似三角形可得

$$\frac{X}{X_A-X_S}=\frac{Y}{Y_A-Y_S}=\frac{Z}{Z_A-Z_S}=\frac{1}{\lambda}$$

即

$$X=\frac{1}{\lambda}(X_A-X_S),Y=\frac{1}{\lambda}(Y_A-Y_S),Z=\frac{1}{\lambda}(Z_A-Z_S) \tag{3-10}$$

式中　λ——比例因子，写成矩阵形式为

$$\begin{bmatrix}X\\Y\\Z\end{bmatrix}=\frac{1}{\lambda}\begin{bmatrix}X_A-X_S\\Y_A-Y_S\\Z_A-Z_S\end{bmatrix} \tag{3-11}$$

又根据式(3-2)知：

$$\begin{bmatrix}x\\y\\-f\end{bmatrix}=\begin{bmatrix}a_1&b_1&c_1\\a_2&b_2&c_2\\a_3&b_3&c_4\end{bmatrix}\begin{bmatrix}X\\Y\\Z\end{bmatrix} \tag{3-12}$$

将式(3-12)展开为

$$\left.\begin{aligned}\frac{x}{-f}&=\frac{a_1X+b_1Y+c_1Z}{a_3X+b_3Y+c_3Z}\\\frac{y}{-f}&=\frac{a_2X+b_2Y+c_2Z}{a_3X+b_3Y+c_3Z}\end{aligned}\right\} \tag{3-13}$$

将式(3-10)代入式(3-13)中，可以得到：

$$\left.\begin{aligned}x&=-f\frac{a_1(X_A-X_S)+b_1(Y_A-Y_S)+c_1(Z_A-Z_S)}{a_3(X_A-X_S)+b_3(Y_A-Y_S)+c_3(Z_A-Z_S)}\\y&=-f\frac{a_2(X_A-X_S)+b_2(Y_A-Y_S)+c_2(Z_A-Z_S)}{a_3(X_A-X_S)+b_3(Y_A-Y_S)+c_3(Z_A-Z_S)}\end{aligned}\right\} \tag{3-14}$$

式(3-14)就是常见的共线条件方程。

实际成像时,像主点的像平面坐标不严格为零,而是存在一个微小值,记为(x_0,y_0),另外摄影机镜头存在光学畸变以及物理畸变,使得各像点在像平面上相对其理论位置(x,y)也存在偏差(Δx,Δy),如图 3-8 所示,因此表示像点坐标的共线条件方程式为

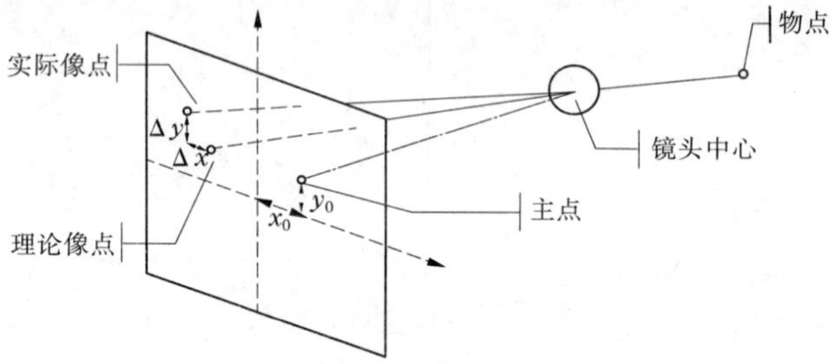

图 3-8 实际的透视成像

$$\left.\begin{aligned} x - x_0 + \Delta x &= -f\frac{a_1(X_A - X_S) + b_1(Y_A - Y_S) + c_1(Z_A - Z_S)}{a_3(X_A - X_S) + b_3(Y_A - Y_S) + c_3(Z_A - Z_S)} \\ y - y_0 + \Delta y &= -f\frac{a_2(X_A - X_S) + b_2(Y_A - Y_S) + c_2(Z_A - Z_S)}{a_3(X_A - X_S) + b_3(Y_A - Y_S) + c_3(Z_A - Z_S)} \end{aligned}\right\} \tag{3-15}$$

式中 x,y——像点的像平面坐标;

x_0,y_0,f——影像的内方位元素;

$\Delta x,\Delta y$——像点坐标自身引进某种系统误差的改正值;

X_S,Y_S,Z_S——摄影中心 S 的物方空间坐标;

X_A,Y_A,Z_A——物方点 A 的物方空间坐标;

a_i,b_i,c_i——影像的三个外方位角元素组成的九个方向余弦。

出于不同的解算目的,共线条件方程可用于解求以下五类未知数:

(1)外方位元素($X_S,Y_S,Z_S,\varphi,\omega,\kappa$),如空间后方交会法。

(2)内方位元素(x_0,y_0,f),如空间后方交会法、光束法。

(3)物方空间坐标(X_A,Y_A,Z_A),如空间前方交会解法、光线束解法。

(4)像点坐标(x,y),如生成模拟数据、逆反摄影测量、光束法。

(5)系统误差或解算系统误差数学模型中的一些有关参数,如自检校光线束解法。

对于多基线近景摄影测量来说,通常会形成多摄站交会几何形状,此时,由于从多个摄站对目标进行拍摄,可以获得被测物体的多个立体像对,从而构成多目标立体视觉。设物方点 P_i 由 j 个摄站(j 条光线)相交,如图 3-9 所示,则共有 j 个共线条件方程:

$$\left.\begin{aligned} x_{ij} - x_{0ij} + \Delta x_{ij} &= -f_{ij}\frac{a_{1j}(X - X_S) + b_{1j}(Y - Y_S) + c_{1j}(Z - Z_S)}{a_{3j}(X_A - X_S) + b_{3j}(Y_A - Y_S) + c_{3j}(Z_A - Z_S)} \\ y_{ij} - y_{0ij} + \Delta y_{ij} &= -f_{ij}\frac{a_{2j}(X - X_S) + b_{2j}(Y - Y_S) + c_{2j}(Z - Z_S)}{a_{3j}(X_A - X_S) + b_{3j}(Y_A - Y_S) + c_{3j}(Z_A - Z_S)} \end{aligned}\right\} \tag{3-16}$$

对于多摄站所构成的立体模型的解算,可以分解为相对定向和绝对定向两个过程,即确定多张像片间的相对方位和整个立体模型的绝对方位。

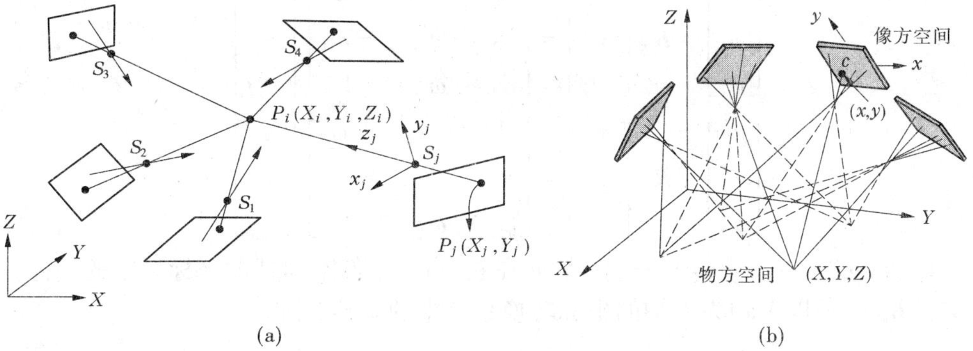

图 3-9　多摄站交会几何

五、共面条件方程式

共面条件方程式是描述像对内摄影基线以及同名光线应位于同一平面的一种共线条件方程式，依据此条件方程式，借助像对之间的内在关系(同名光线应在同一平面内，同名核线应在同一核面内)可直接构成与被摄物体相似的几何模型。如图 3-10 所示，表示一个立体模型实现正确相对定向后的示意图，图中 m_1、m_2 表示模型点 M 在左、右两幅影像上的构像，S_1m_1、S_2m_2 表示一对同名光线，它们与空间基线 S_1S_2 共面，这个平面可以用三个矢量 $\boldsymbol{R}_1$、$\boldsymbol{R}_2$、$\boldsymbol{B}$ 的混合积表示，即

$$\boldsymbol{B}\cdot(\boldsymbol{R}_1\times\boldsymbol{R}_2)=0 \tag{3-17}$$

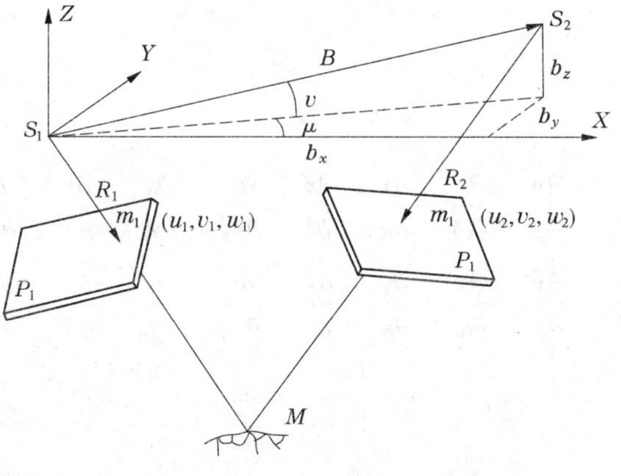

图 3-10　共面条件方程式示意图

式(3-17)改成坐标的形式表示时，即为一个三阶行列式等于零

$$\boldsymbol{F}=\begin{vmatrix} b_x & b_y & b_z \\ u_1 & v_1 & w_1 \\ u_2 & v_2 & w_2 \end{vmatrix}=b_x\begin{vmatrix} v_1 & w_1 \\ v_2 & w_2 \end{vmatrix}-b_y\begin{vmatrix} u_1 & w_1 \\ u_2 & w_2 \end{vmatrix}+b_z\begin{vmatrix} u_1 & v_1 \\ u_2 & v_2 \end{vmatrix}=0 \tag{3-18}$$

式(3-18)便是共面条件方程式的表达式，其中：

$$\begin{bmatrix} u_1 \\ v_1 \\ w_1 \end{bmatrix} = \boldsymbol{R}_{左} \begin{bmatrix} x_1 \\ y_1 \\ -f \end{bmatrix} = \begin{bmatrix} 1 & -\kappa_1 & -\varphi_1 \\ \kappa_1 & 1 & -\omega_1 \\ \varphi_1 & \omega_1 & 1 \end{bmatrix} \begin{bmatrix} x_1 \\ y_1 \\ -f \end{bmatrix}$$

$$\begin{bmatrix} u_2 \\ v_2 \\ w_2 \end{bmatrix} = \boldsymbol{R}_{右} \begin{bmatrix} x_2 \\ y_2 \\ -f \end{bmatrix} = \begin{bmatrix} 1 & -\kappa_2 & -\varphi_2 \\ \kappa_2 & 1 & -\omega_2 \\ \varphi_2 & \omega_2 & 1 \end{bmatrix} \begin{bmatrix} x_2 \\ y_2 \\ -f \end{bmatrix}$$

式中　(u_1,v_1,ω_1)、(u_2,v_2,ω_2)——像点 m 在左、右两个像空间辅助坐标系中的坐标；

$\boldsymbol{R}_{左}$、$\boldsymbol{R}_{右}$——以 Y 轴为主轴的坐标转换系统中的旋转矩阵。

第二节　近景摄影测量的解析处理方法

一、像点坐标误差方程的一般式

由前可知，共线条件方程式是描述摄影中心 S、像点 a 以及物方点 A 位于同一直线上的关系式，由式(3-14)知，共线条件方程式其实是像点坐标(x,y)、像片外方位元素$(X_S,Y_S,Z_S,\omega,\varphi,\kappa)$和物方点坐标$(X_A,Y_A,Z_A)$等参数的函数[其中，内方位元素$(x_0,y_0,f)$和像点偏差$(\Delta x,\Delta y)$可认为是已标定过的已知值]，且是非线性关系式，为了进行最小二乘平差处理，应将方程线性化，得到像点坐标改正数方程式（误差方程式的一般式）为

$$\begin{bmatrix} v_x \\ v_y \end{bmatrix} = \begin{bmatrix} \frac{\partial x}{\partial X_S} & \frac{\partial x}{\partial Y_S} & \frac{\partial x}{\partial Z_S} & \frac{\partial x}{\partial \varphi} & \frac{\partial x}{\partial \omega} & \frac{\partial x}{\partial \kappa} & \frac{\partial x}{\partial f} & \frac{\partial x}{\partial x_0} & \frac{\partial x}{\partial y_0} & \frac{\partial x}{\partial X} & \frac{\partial x}{\partial Y} & \frac{\partial x}{\partial Z} & \cdots \\ \frac{\partial y}{\partial X_S} & \frac{\partial y}{\partial Y_S} & \frac{\partial y}{\partial Z_S} & \frac{\partial y}{\partial \varphi} & \frac{\partial y}{\partial \omega} & \frac{\partial y}{\partial \kappa} & \frac{\partial y}{\partial f} & \frac{\partial y}{\partial x_0} & \frac{\partial y}{\partial y_0} & \frac{\partial y}{\partial X} & \frac{\partial y}{\partial Y} & \frac{\partial y}{\partial Z} & \cdots \end{bmatrix} \begin{bmatrix} \Delta X_S \\ \Delta Y_S \\ \Delta Z_S \\ \Delta\varphi \\ \Delta\omega \\ \Delta\kappa \\ \Delta f \\ \Delta x_0 \\ \Delta y_0 \\ \Delta X \\ \Delta Y \\ \Delta Z \\ \vdots \end{bmatrix} - \begin{bmatrix} x - \bar{x} \\ y - \bar{y} \end{bmatrix} \tag{3-19}$$

式中　$\bar{x},\bar{y}$——用近似参数计算的像点坐标。

将式(3-19)中的未知数分为外方位元素、物方点坐标和内方位元素和附加参数，则有

$$
\begin{bmatrix} v_x \\ v_y \end{bmatrix} = \begin{bmatrix} c_{11} & c_{12} & c_{13} & c_{14} & c_{15} & c_{16} \\ c_{21} & c_{22} & c_{23} & c_{24} & c_{25} & c_{26} \end{bmatrix} \begin{bmatrix} \Delta X_S \\ \Delta Y_S \\ \Delta Z_S \\ \Delta\varphi \\ \Delta\omega \\ \Delta\kappa \end{bmatrix} + \begin{bmatrix} -c_{11} & -c_{12} & -c_{13} \\ -c_{21} & -c_{22} & -c_{23} \end{bmatrix} \begin{bmatrix} \Delta X \\ \Delta Y \\ \Delta Z \end{bmatrix} +
$$

$$
\begin{bmatrix} c_{17} & c_{18} & c_{19} \\ c_{27} & c_{28} & c_{29} \end{bmatrix} \begin{bmatrix} \Delta f \\ \Delta x_0 \\ \Delta y_0 \end{bmatrix} + \begin{bmatrix} \bar{b}_1 & \bar{b}_1 & \cdots & 0 & 0 & \cdots \\ 0 & 0 & \cdots & \bar{c}_1 & \bar{c}_1 & \cdots \end{bmatrix} \begin{bmatrix} \alpha_1 \\ \alpha_2 \\ \vdots \\ \beta_1 \\ \beta_2 \\ \vdots \end{bmatrix} - \begin{bmatrix} l_x \\ l_y \end{bmatrix} \tag{3-20}
$$

将式(3-20)写成矩阵形式,得到像点坐标误差方程式的一般式为

$$
\boldsymbol{V} = \boldsymbol{A}\boldsymbol{X}_1 + \boldsymbol{B}\boldsymbol{X}_2 + \boldsymbol{C}\boldsymbol{X}_3 + \boldsymbol{D}_{ad}\boldsymbol{X}_{ad} - \boldsymbol{L} \tag{3-21}
$$

式中　$\boldsymbol{V} = \begin{bmatrix} v_x \\ v_y \end{bmatrix}$;

$\boldsymbol{A} = \begin{bmatrix} c_{11} & c_{12} & c_{13} & c_{14} & c_{15} & c_{16} \\ c_{21} & c_{22} & c_{23} & c_{24} & c_{25} & c_{26} \end{bmatrix}$;

$\boldsymbol{B} = \begin{bmatrix} -c_{11} & -c_{12} & -c_{13} \\ -c_{21} & -c_{22} & -c_{23} \end{bmatrix}$;

$\boldsymbol{C} = \begin{bmatrix} c_{17} & c_{18} & c_{19} \\ c_{27} & c_{28} & c_{29} \end{bmatrix}$;

$\boldsymbol{D}_{ad} = \begin{bmatrix} \bar{b}_1 & \bar{b}_1 & \cdots & 0 & 0 & \cdots \\ 0 & 0 & \cdots & \bar{c}_1 & \bar{c}_1 & \cdots \end{bmatrix}$;

$\boldsymbol{X}_1 = [\Delta X_S \quad \Delta Y_S \quad \Delta Z_S \quad \Delta\varphi \quad \Delta\omega \quad \Delta\kappa]^{\mathrm{T}}$;

$\boldsymbol{X}_2 = [\Delta X \quad \Delta Y \quad \Delta Z]^{\mathrm{T}}$;

$\boldsymbol{X}_3 = [\Delta f \quad \Delta x_0 \quad \Delta y_0]^{\mathrm{T}}$;

$\boldsymbol{X}_{ad} = [\alpha_1 \quad \alpha_2 \quad \cdots \quad \beta_1 \quad \beta_2 \cdots]^{\mathrm{T}}$;

$\boldsymbol{L} = \begin{bmatrix} x - \bar{x} \\ y - \bar{y} \end{bmatrix}^{\mathrm{T}}$。

经推导,$\boldsymbol{A}$ 和 $\boldsymbol{L}$ 中元素的具体值如下:

$$
\begin{aligned}
c_{11} &= [a_1 f + a_3(x - x_0)]/\bar{Z} \\
c_{12} &= [b_1 f + b_3(x - x_0)]/\bar{Z} \\
c_{13} &= [c_1 f + c_3(x - x_0)]/\bar{Z} \\
c_{21} &= [a_2 f + a_3(y - y_0)]/\bar{Z} \\
c_{22} &= [b_2 f + b_3(y - y_0)]/\bar{Z}
\end{aligned}
$$

$$c_{23} = [c_2 f + c_3(y - y_0)]/\overline{Z}$$

$$c_{14} = (y - y_0)\sin\omega -$$

$$\left\{\frac{x - x_0}{f}[(x - x_0)\cos\kappa - (y - y_0)\sin\kappa] + f\cos\kappa\right\}\cos\omega$$

$$c_{15} = -\sin\kappa\frac{(x - x_0)^2}{f} - \cos\kappa\frac{(x - x_0)(y - y_0)}{f} - f\sin\kappa$$

$$c_{24} = -(x - x_0)\sin\omega - \left\{\frac{(y - y_0)}{f}[(x - x_0)\cos\kappa - (y - y_0)\sin\kappa] + f\sin\kappa\right\}\cos\omega$$

$$c_{25} = -\cos\kappa\frac{(y - y_0)^2}{f} - \sin\kappa\frac{(x - x_0)(y - y_0)}{f} - f\cos\kappa$$

$$c_{26} = -(x - x_0)$$

$$c_{17} = \frac{x - x_0}{f}$$

$$c_{18} = \frac{\partial x}{\partial x_0} = 1$$

$$c_{19} = \frac{\partial x}{\partial y_0} = 0$$

$$c_{27} = \frac{y - y_0}{f}$$

$$c_{28} = \frac{\partial y}{\partial x_0} = 0$$

$$c_{29} = \frac{\partial y}{\partial y_0} = 1$$

二、单像空间后方交会

在近景摄影测量中,单像空间后方交会是以共线条件方程式为基础,将一张像片覆盖范围内一定数量的控制点的像方坐标(必要时包含其物方坐标)视为观测值,以解求该像片的外方位元素($X_S, Y_S, Z_S, \omega, \varphi, \kappa$)的过程。

根据线性化后的共线条件方程式(3-18),求解外方位元素时,有 6 个未知数,至少需要列 6 个方程,因此至少需要 3 个已知地面的控制点,实际应用中,为了提高解算精度,常常有多余观测方程。若有 n 个控制点,可列出 $2n$ 个误差方程式,考虑到控制点坐标和内方位元素已知的情况下,其误差方程形式为

$$\boldsymbol{V} = \boldsymbol{A}\boldsymbol{X}_1 - \boldsymbol{L} \tag{3-22}$$

对应的式子为

$$\begin{bmatrix} v_x \\ v_y \end{bmatrix} = \begin{bmatrix} \frac{\partial x}{\partial X_S} & \frac{\partial x}{\partial Y_S} & \frac{\partial x}{\partial Z_S} & \frac{\partial x}{\partial \varphi} & \frac{\partial x}{\partial \omega} & \frac{\partial x}{\partial \kappa} \\ \frac{\partial y}{\partial X_S} & \frac{\partial y}{\partial Y_S} & \frac{\partial y}{\partial Z_S} & \frac{\partial y}{\partial \varphi} & \frac{\partial y}{\partial \omega} & \frac{\partial y}{\partial \kappa} \end{bmatrix} \begin{bmatrix} \Delta X_S \\ \Delta Y_S \\ \Delta Z_S \\ \Delta\omega \\ \Delta\varphi \\ \Delta\kappa \end{bmatrix} - \begin{bmatrix} x - \overline{x} \\ y - \overline{y} \end{bmatrix} \tag{3-23}$$

利用单像空间后方交会法解算出的外方位元素精度，与像点坐标的质量、控制点的数量与分布、控制点物方空间坐标的质量以及像场角有关，使控制点均匀构像于全像幅和提高像点坐标的观测精度，是保证后方交会精度的基本措施。另外，要注意控制点应避免位于一个圆柱面上，否则会出现解不唯一的情况。

空间后方交会的精度估算可以通过法方程式中未知数的系数矩阵的逆矩阵$(\boldsymbol{A}^{\mathrm{T}}\boldsymbol{A})^{-1}$来求解，此时视像点坐标为等精度的不相关观测值。由于$(\boldsymbol{A}^{\mathrm{T}}\boldsymbol{A})^{-1}$中第$i$个主对角线上元素$Q_{ii}$就是法方程式中第$i$个未知数的权倒数，若单位权中误差为$m_0$，则第$i$个未知数的中误差为

$$m_i = \sqrt{Q_{ii}}\,m_0 \tag{3-24}$$

当控制点有n个时，单位权中误差可按下式计算：

$$m_0 = \pm\sqrt{\frac{[vv]}{2n-6}} \tag{3-25}$$

三、多像空间前方交会

在近景摄影测量中，多像空间前方交会同样是以共线条件方程为基础，根据已知内、外方位元素的两张或两张以上的像片，把待定点的像点坐标视作观测值，以解求其最或是值，并逐点解求待定点物方空间坐标的过程。

在求解过程中，因内、外方位元素已知，可将像点误差方程式写为

$$\boldsymbol{V} = \boldsymbol{B}\boldsymbol{X}_2 - \boldsymbol{L} \tag{3-26}$$

如图3-11所示，一个未知点A在三张像片P_1、P_2、P_3上成像，像点为a_1、a_2、a_3，按照前方交会法求解A点在物方空间内的坐标(X,Y,Z)，根据式(3-26)，每个像点均可列出以下方程式：

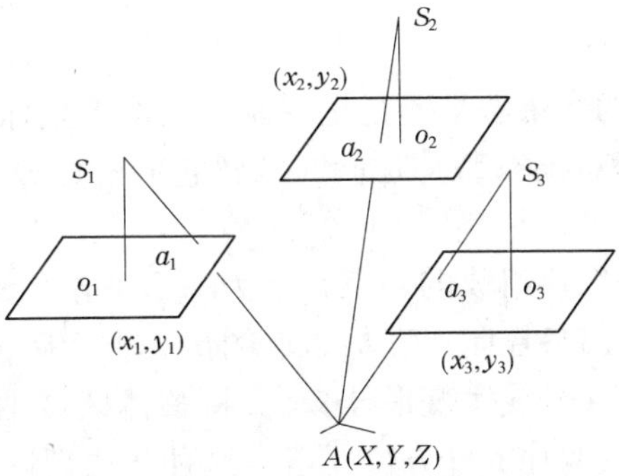

图3-11 多像空间前方交会示意图

$$\begin{bmatrix} v_x \\ v_y \end{bmatrix} = \begin{bmatrix} -c_{11} & -c_{12} & -c_{13} \\ -c_{21} & -c_{22} & -c_{23} \end{bmatrix} \begin{bmatrix} \Delta X \\ \Delta Y \\ \Delta Z \end{bmatrix} - \begin{bmatrix} x - \bar{x} \\ y - \bar{y} \end{bmatrix} \tag{3-27}$$

解算的原则是：使得点A的三个像点a_1、a_2、a_3的像片坐标观测值的改正数的平方和最小，即

$$(v_{xa_1}^2 + v_{ya_1}^2) + (v_{xa_2}^2 + v_{ya_2}^2) + (v_{xa_3}^2 + v_{ya_3}^2) = \min \tag{3-28}$$

组成法方程，解得近似值(X_0,Y_0,Z_0)的改正值$(\Delta X,\Delta Y,\Delta Z)$，即可获得未知数坐标下一次的趋近值$(X,Y,Z)$：

$$\begin{bmatrix} X \\ Y \\ Z \end{bmatrix} = \begin{bmatrix} X_0 + \Delta X \\ Y_0 + \Delta Y \\ Z_0 + \Delta Z \end{bmatrix} \tag{3-29}$$

多像空间前方交会法用途较广，在高、中、低精度要求的测量中有较多应用。影响多像空间前方交会的精度因素有：

（1）空间前方交会各像片间以及它们与未知点间的几何构形，包括像片张数与其布局、交会角度等。

（2）像点坐标的质量，即像点坐标的精度以及改正各类像点系统误差的程度。

（3）各像片外方位元素$(X_S,Y_S,Z_S,\varphi,\omega,\kappa)$的测定精度以及所用摄影机内方位元素$(x_0,y_0,f)$的检定精度。

（4）对于多基线近景摄影测量而言，基线长度对前方交会精度影响较大，根据相关研究，在航高一定的前提下，基线长，则交会角大、基高比大，前方交会精度高。

（5）多基线立体影像具有较大的重叠度，同名像点可以出现在10余幅像片上，随着影像数的增加，前方交会的精度也会提高。

根据前面所学的基于共线条件方程式的单像空间后方交会法和多像空间前方交会法，形成一种近景摄影测量解析方法，即后方交会-前方交会法。该方法的求解步骤为：首先利用少量控制点的物方空间坐标与像点坐标，由空间后方交会法求出影像的外方位元素，然后根据待定同名点的像点坐标与外方位元素，利用空间前方交会法求解待定点的物方空间坐标。

四、光束法平差解法

基于共线条件方程式的光束法平差是把控制点的像点坐标、待定点的像坐标，以及其他数据（如相对控制）均视为观测值，整体地同时求解它们的最或然值和待定点的空间坐标的方法，俗称一步定向法。

其基本思路是：以一张像片组成的一束光束为一个平差单元，以共线条件方程作为平差的理论基础，在像片上量测出各控制点和加密点的像点坐标后，通过各光线束在空间的旋转和平移，使得模型之间的公共光线实现最佳交会，将整体区域纳入到控制点坐标系中，从而确定加密点的地面坐标以及像片的外方位元素。这种方法理论上更严密，精度更高。

（一）光束法平差的数学模型

基于共线条件方程式的各种近景像片解析处理方法中，光束法平差是近景摄影测量中最重要、使用最广泛的方法。该方法以共线条件方程为基础，以待定点坐标和像片的内、外方位元素为未知数，按共线条件同一组成误差方程式，同时解求内、外方位元素和待定点的坐标。根据像点误差的基本方程式(3-18)，得到光束法平差误差方程式为

$$\boldsymbol{V} = \boldsymbol{A}\boldsymbol{X}_1 + \boldsymbol{B}\boldsymbol{X}_2 + \boldsymbol{C}\boldsymbol{X}_3 - \boldsymbol{L} \tag{3-30}$$

其中，如果将物方空间坐标未知数$\boldsymbol{X}_2$分作控制点未知数$\boldsymbol{X}_c$和待定点未知数$\boldsymbol{X}_u$两组，则式(3-30)可以写为

$$\boldsymbol{V} = \boldsymbol{A}\boldsymbol{X}_1 + \boldsymbol{B}_c\boldsymbol{X}_c + \boldsymbol{B}_u\boldsymbol{X}_u + \boldsymbol{C}\boldsymbol{X}_3 - \boldsymbol{L} \tag{3-31}$$

多基线光束法平差式利用已知控制点的内业加密点坐标与实测物方空间坐标相等，影像上待定公共点的内业加密点坐标应相等作为平差条件。光束法平差按照控制点和外方位元素是否看成观测值可以分为以下几种：

(1)控制点坐标视作真值($X_c=0$)且实地不测外方位元素的光束法平差解法，这时，不测内方位元素($X_3=3$)，需测定的未知数有外方位元素 $\boldsymbol{X}_1$ 和待定点空间坐标 $\boldsymbol{X}_u$，误差方程式如下：

$$\left.\begin{aligned}\boldsymbol{V}_1&=\boldsymbol{A}_c\boldsymbol{X}_1-\boldsymbol{L}_1,\boldsymbol{P}_1\\\boldsymbol{V}_2&=\boldsymbol{A}_u\boldsymbol{X}_1+\boldsymbol{B}_u\boldsymbol{X}_2-\boldsymbol{L}_2,\boldsymbol{P}_2\end{aligned}\right\}\tag{3-32}$$

式中 $\boldsymbol{V}_1,\boldsymbol{V}_2$——待控制点和待定点的像平面坐标改正值；

$\boldsymbol{A}_c,\boldsymbol{A}_u$——控制点和待定点所在影像的外方位元素 $\boldsymbol{X}_1$ 的系数矩阵；

$\boldsymbol{B}_u$——待定点空间坐标 $\boldsymbol{X}_2$ 的系数矩阵；

$\boldsymbol{L}_1,\boldsymbol{L}_2,\boldsymbol{P}_1,\boldsymbol{P}_2$——误差方程式常数项和权。

在实际测量工作中，常常在物方空间布设一些相对控制(如两物点间距离、某些物点位于同一平面内等)，其中两物方点间距离控制最为常用。

如果已知两物方点 i 和 j 之间的距离为 S_{ij}，则有

$$S_{ij}^2=(X_i-X_j)^2+(Y_i-Y_j)^2+(Z_i-Z_j)^2\tag{3-33}$$

其相应的误差方程式为

$$\boldsymbol{V}_3=\boldsymbol{A}_s\boldsymbol{X}_2-\boldsymbol{L}_3\tag{3-34}$$

即

$$\boldsymbol{V}=\begin{bmatrix}V_1\\V_2\\V_3\end{bmatrix},\boldsymbol{A}=\begin{bmatrix}A_c&0\\A_u&B_u\\0&B\end{bmatrix},\boldsymbol{X}=\begin{bmatrix}X_1\\X_2\end{bmatrix},\boldsymbol{L}=\begin{bmatrix}L_1\\L_2\\L_3\end{bmatrix}$$

可以得到带有相对控制条件的误差方程式为

$$\boldsymbol{V}=\boldsymbol{AX}-\boldsymbol{L}\tag{3-35}$$

只要有足够的观测值(像点坐标和相对控制)，式(3-35)的最小二乘解为

$$\left.\begin{aligned}&\boldsymbol{NX}=\boldsymbol{U}\\&\boldsymbol{X}=\boldsymbol{N}^{-1}\cdot\boldsymbol{U}\\&\boldsymbol{N}=(\boldsymbol{A}^{\mathrm{T}}\boldsymbol{PA})^{-1},\boldsymbol{U}=\boldsymbol{A}^{\mathrm{T}}\boldsymbol{PL}\\&\sum\boldsymbol{X}=\sigma_0^2\boldsymbol{Q}_X=\sigma_0^2\boldsymbol{N}^{-1}\end{aligned}\right\}\tag{3-36}$$

式中 $\boldsymbol{P}$——各观测值的权，实际计算中常取单位权，其中的第一子式称为法方程式；

$\sum\boldsymbol{X}$——$\boldsymbol{X}$ 的协方差阵。

这种方法适用于以下情况：

①在被测目标上或其周围可以布置稳定的控制点，控制点自身质量好，且分布合理。

②已知内方位元素，且在同一焦距下作业。

(2)无控制点且外方位元素视作观测值的光束法平差，误差方程式为

$$\left.\begin{aligned}\boldsymbol{V}_2&=\boldsymbol{AX}_1+\boldsymbol{B}_u\boldsymbol{X}_u-\boldsymbol{L},\boldsymbol{P}_2\\\boldsymbol{V}_e&=\boldsymbol{X}_1,\boldsymbol{P}_e\end{aligned}\right\}\tag{3-37}$$

式中 $\boldsymbol{V}_2,\boldsymbol{V}_e$——待定点的像平面坐标改正值和外方位元素改正值；

A——待定点所在影像的外方位元素 X_1 的系数矩阵；

B_u——待定点空间坐标 X_u 的系数矩阵；

L, P_2, P_e——误差方程式常数项和权。

这种方法适用于以下情况：被测目标上无法或者不宜布置控制点的大场面高精度工业摄影测量，例如正处于变形的目标、处于危险环境的目标以及难以布置满足精度要求且分布合理的控制点目标。

(3)控制点坐标以及外方位元素均视作观测值的光束法平差解法，误差方程式为

$$\left.\begin{aligned} V_1 &= A_c X_1 + B_c X_c - L_1, P_1 \\ V_2 &= A_u X_1 + B_u X_u - L_2, P_2 \\ V_e &= X_1, P_e \\ V_c &= X_c, P_c \end{aligned}\right\} \tag{3-38}$$

式中 V_1, V_2, V_e, V_c——待控制点的像平面坐标改正值、待定点的像平面坐标改正值、外方位元素改正值和控制点的坐标改正值；

A_c, A_u——控制点和待定点所在影像的外方位元素 X_1 的系数矩阵；

B_c, B_u——控制点空间坐标 X_c 的系数矩阵和待定点空间坐标 X_u 的系数矩阵；

$L_1, L_2, P_1, P_2, P_e, P_c$——误差方程式常数项和权。

这种方法适用于以下情况：物方被测物体上或其周围有控制点，另外对实地测得的外方位元素及控制点坐标不认作真值，而是认作某种观测值。因解算中，除像点坐标外，还把外方位元素和控制点物方坐标看作是某种观测值处理，所以它是理论最为严谨的光束法平差解法。

(4)近景摄影测量的解析自检校光束法平差解法，误差方程式为

$$\left.\begin{aligned} V &= AX_1 + DX_{ad} + BX - L, P \\ V_{ad} &= X_{ad}, P_{ad} \end{aligned}\right\} \tag{3-39}$$

式中 V_1, V_{ad}——像平面坐标改正值和附加参数的改正值；

A——影像的外方位元素 X_1 的系数；

B——空间坐标 X 的系数矩阵；

D——附加参数的系数矩阵；

L, P, P_{ad}——误差方程式常数项和权。

这种方法的特点是无须额外的附加观测来实现残余系统误差的自动补偿。

针对多基线数码影像数据的特点：需要布置少量的控制点，且将控制点看成真值；现场不量测外方位元素；数码相机为非量测相机等。综合以上四种方法的光束法平差，方法(1)和方法(4)比较合适，但方法(4)附加参数过多，容易过度参数化，而且近景摄影测量采用的是多基线摄影方式，而不是航空摄影测量中的竖直摄影方式，与航测相比，有大的相对“地面起伏”，此方法在近景中不宜采用。

(二)光束法平差的解算

采用控制点坐标视作真值且实地不测外方位元素的光束法平差解法不需要大量的控制点，无须记录外方位元素，是一种较常见的方法，以此方法为例进行平差解算。

多基线光束法平差的计算过程可大致分为两个部分：一是建立统一的模型网；二是模型

网的整体平差,求解模型网的非线性变形改正数,并对模型网进行非线性变形改正。光束法平差是按最小二乘原理进行的,在计算中要在提供一个近似解的基础上,逐步迭代趋近地求解最佳解。提供的初始值越接近最佳解,收敛速度越快,而不合理的初始值不仅会影响到收敛速度,甚至有可能得不到正解。可以利用相对定向-绝对定向法完成第一部分工作,据此提供的高精度外方位元素初始值($X_S,Y_S,Z_S,\varphi,\omega,\kappa$)和物方空间坐标近似值,按照式(3-31)列出误差方程式,并按最小二乘法原理建立法方程进行求解,即按$\sum \boldsymbol{PVV}$为最小建立起法方程式:

$$\begin{bmatrix} \boldsymbol{A}^{\mathrm{T}}\boldsymbol{PA} & \boldsymbol{A}^{\mathrm{T}}\boldsymbol{PB} \\ \boldsymbol{B}^{\mathrm{T}}\boldsymbol{PA} & \boldsymbol{B}^{\mathrm{T}}\boldsymbol{PB} \end{bmatrix} \begin{bmatrix} \boldsymbol{X}_1 \\ \boldsymbol{X}_{\mathrm{u}} \end{bmatrix} - \begin{bmatrix} \boldsymbol{A}^{\mathrm{T}}\boldsymbol{PL} \\ \boldsymbol{B}^{\mathrm{T}}\boldsymbol{PA} \end{bmatrix} = 0 \tag{3-40}$$

计算通过迭代完成,当两次迭代结果小于某一限差时,迭代计算完成。

光束法平差解法是以内业和外业直接量取的数据(如内业量取的像点坐标,外业量取的控制点坐标、外方位元素或其他大地测量信息)作为观测值的一种严格的摄影测量数据处理方法。在确定外方位元素最或是值的过程中,即确定光束在空间的位置和朝向中,上述所有观测值,包括大量待定点的像点坐标观测值都起明显作用。换言之,所有这些观测值的质量直接影响所构建模型的质量以及所建模型的强度,影响待定点空间坐标的确定精度。在光束法平差解法中,待定点的坐标完全是按照最小二乘法原理求解出来的,其理论最严密、精度最高,应用最为广泛。

五、基于共面条件方程式的近景摄影测量解析处理方法

共面条件方程是近景摄影测量中的一个重要的条件方程,根据共面条件方程理论,形成一种近景摄影测量的解析处理方案,即相对定向-绝对定向的方案,此方法要求较少的控制,可用于单像对以至于摄影测量网的处理,常用以模拟法近景摄影测量或近景摄影测量数字化匹配方法处理。

(一)相对定向

由前可知,确定一张像片的方位需要六个外方位元素。因此,要确定一个立体像对的两张像片方位需要12个外方位元素,即像片1:$X_{S_1},Y_{S_1},Z_{S_1},\varphi_1,\omega_1,\kappa_1$;像片2:$X_{S_2},Y_{S_2},Z_{S_2},\varphi_2,\omega_2,\kappa_2$;有了这12个外方位元素,就确定了这两张像片在物方坐标系中的方位,当然也就确定了两张像片之间的相对方位,为了方便解决问题,往往首先只考虑两张像片之间的相对方位,再考虑整个立体相对在物方的绝对方位。因此,将确定一个立体像对中两张像片间相对方位的过程叫作相对定向;用来确定两像片相对方位的参数叫作该立体像对的相对方位元素;将确定立体像对在物方空间坐标系中的绝对方位的过程叫作绝对定向,用来确定立体像对绝对方位的参数叫作该像对的绝对方位元素。

立体像对的相对定向就是要恢复拍摄像片时相邻两影像摄影光束的相互关系,从而使同名光线两两相交。相对定向的方法有两种:一种是单独像对相对定向,它是采用两幅影像的角元素运动来实现相对定向,其相对定向元素为($\varphi_1,\kappa_1,\varphi_2,\omega_2,\kappa_2$);另一种是连续像对相对定向,若认定左像片(左光束)在坐标系S_1—XYZ中的朝向已知,通过改动右光束的位置(b_y,b_z)和朝向($\varphi_2,\omega_2,\kappa_2$)来完成相对定向的过程叫作连续像对的相对定向,其相对定向参数为($B_y,B_z,\Delta\omega,\Delta\varphi,\Delta\kappa$)。在多个连续模型的处理中,大多采用连续法相对定向。

将像片2的外方位元素减去像片1的外方位元素,得

$$\Delta X_S = X_{S_2} - X_{S_1}$$
$$\Delta Y_S = Y_{S_2} - Y_{S_1}$$
$$\Delta Z_S = Z_{S_2} - Z_{S_1}$$
$$\Delta\omega_2 = \omega_2 - \omega_1$$
$$\Delta\varphi_2 = \varphi_2 - \varphi_1$$
$$\Delta\kappa_2 = \kappa_2 - \kappa_1$$

式中 ΔX_S、ΔY_S、ΔZ_S——摄影基线(两摄站投影中心的连线)在物方空间坐标系的三个坐标轴上的投影,记为 B_x、B_y、B_z,如图 3-12 所示,如果记:

$$\left.\begin{aligned} B &= \sqrt{B_x^2 + B_y^2 + B_z^2} \\ \tan T &= B_y / B_x \\ \tan\nu &= B_z / B_x \end{aligned}\right\} \tag{3-41}$$

则 B_x、B_y、B_z 这三个元素可以用 B、T、ν 这三个元素来代替。

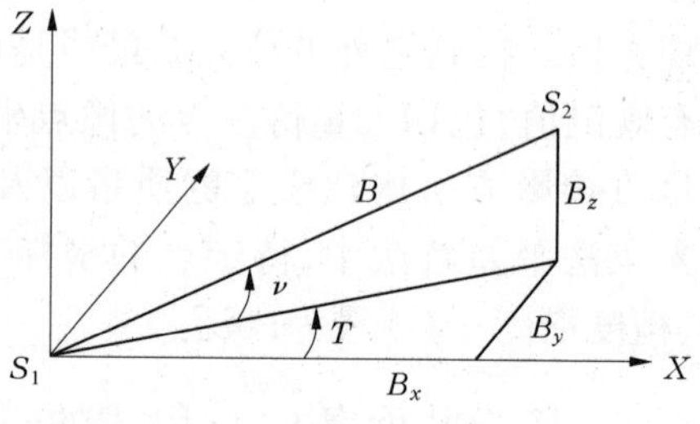

图 3-12 相对方位元素

因此,可以看出基线 B 的长度只影响立体像对的比例尺,并不影响其相对方位。因此,该立体像对的相对方位元素只需要五个,即 T、ν、$\Delta\omega$、$\Delta\varphi$、$\Delta\kappa$。剩余的 7 个参数为该像对的绝对方位元素,即相对定向可恢复与实际物体相似的立体模型,绝对定向使得测量得到的模型与实际模型完全一致。

(二)绝对定向

相对定向结束以后,要确定立体模型在物方空间坐标系中的方位和大小,需要将模型的像方空间坐标转化为物方空间坐标,这一过程叫作立体像对的绝对定向,其目的是将模型纳入物方空间坐标中,并归化为规定的比例尺。

第一节通过相对定向求得了 5 个定向元素,要恢复像片的绝对位置和方位,还要解出 7 个绝对定向元素(Δx、Δy、Δz,Φ,Ω,K,λ),包括三个平移因子、三个旋转因子和一个缩放因子,才能将模型点纳入物方空间坐标系中。

基于共面条件方程式的近景摄影测量解析处理方法,本质上是摄影测量的独立模型法在近景摄影测量中的移植应用,只是在移植中需要考虑近景摄影测量,尤其是多基线近景摄影测量中的一些特点,如短摄影距离、多基线、大倾角、多重叠、大的相对纵深等。

基于共面条件方程的近景摄影测量解析处理方法具体作业步骤如下:

(1)相对定向:按共面条件方程原理,完成相对定向,以形成一个个的单个模型。

(2)模型连接:通过比较各个模型公共点的模型坐标,将各个模型连接起来,以形成统一坐标系的自由网模型。

(3)按前方交会法解求所有待定点的摄影测量坐标。

(4)整体平差:单元模型同时实施空间相似变换,以使各个控制点的摄影测量坐标与相应的物空间坐标逼近,并使不同模型里同一公共点上的摄影测量坐标相逼近。

本节介绍了三种近景摄影测量解析处理方法,即相对定向-绝对定向法、空间后方交会-

前方交会法和光束法平差解法。其中,基于共面条件方程的相对定向-绝对定向解析法,与空间后方交会-前方交会法相比,由于利用了像片间内在的几何关系,对控制点的个数要求有所减少,而在理论上,与严密的光束法平差解法相比,精度则稍低,但是有存在内存量小,计算速度快的优点,因此在某些控制条件不太理想,而精度要求又较低的情况下,可以采用该方法,此方法还可以为严谨的光束法提供初始值,包括物方点的空间坐标近似值和像片的外方位元素近似值;空间后方交会-前方交会法每张像片至少需要三个控制点,且前方交会的结果依赖于空间后方交会的精度,前方交会过程中没有充分利用多余条件进行平差计算,因此精度不高,在已知像片的外方位元素、需确定少量待定点坐标时采用;光束法平差解法与空间后方交会-前方交会法相比:光束法平差中,为数众多的待定点影响外方位元素的确定,即在确定各个光束位置与朝向的计算中,待定点坐标观测值改正数的平方和要最小,所有内外业观测值或然值的确定(其中包括大量未知点像点坐标观测值或然值的确定,以及各像片光束形状和朝向的确定),都是包含在一个计算过程中的,而空间后方交会-前方交会法,则是仅仅由控制点坐标观测值确定外方位元素,之后再执行另一个独立的运算步骤,即根据已算得的外方位元素以及待定点像点坐标确定其空间坐标。

第三节　直接线性变换法

一、概述

上节所述的近景摄影测量解析方法,包括空间后方交会-前方交会法以及光束法平差解法,均需要内方位元素参数,适用于处理量测摄影机。而目前近景摄影测量常用的大量非量测摄影机,如 CCD 摄像机、普通数码相机、工业相机等设备,并不适合上述测量方案。直接线性变换解法,无须内方位元素和外方位元素初始值,因此特别适合于非量测相机的所摄影像的处理。

直接线性变化解法是以共线条件方程为理论基础的近景摄影测量解析方法,是一种建立像点坐标仪坐标和相应物点物方空间坐标之间直接线性关系的算法,这里的像点坐标仪坐标指从坐标仪上直接读取的读数,无须换算到以像主点为坐标原点的像平面坐标系中的坐标。直接线性变换解法的特点有:

(1)不需要内方位元素,无须内定向,直接利用像点坐标仪坐标和相应物点物方空间坐标之间线性关系进行解析,特别适合于处理非量测相机所摄影像,在同一个近景摄影测量任务中,可以使用多架不同主距甚至不同型号的摄影机。

(2)不需要外方位元素初值,适用于大角度近景摄影测量,像片可以任意放置。

(3)直接线性变换解法观测的是无主点的像片,既可单片量测像点坐标,也可立体量测像点坐标。

(4)由于其基本关系式是由透视投影的共线条件方程变换,因此可以方便地引入摄影测量关于镜头畸变、误差补偿的模型计算和方法。

(5)进行像片解析时,物方空间需布置控制点,且须满足一定的条件。

(6)其本质是一种“空间后方交会-前方交会”解法,由于待定点像点坐标并不能影响外方位元素值的确定,因此直接线性变换解法并不像光束法严谨,只能满足中低精度成果。

二、直接线性变换解法的基本关系式

直接线性变换解法原则上是由共线条件方程式推演而来的,有共线条件方程:

$$\left.\begin{aligned} x - x_0 + \delta_x &= -f\frac{a_1(X - X_S) + b_1(Y - Y_S) + c_1(Z - Z_S)}{a_3(X - X_S) + b_3(Y - Y_S) + c_3(Z - Z_S)} \\ y - y_0 + \delta_y &= -f\frac{a_2(X - X_S) + b_2(Y - Y_S) + c_1(Z - Z_S)}{a_3(X - X_S) + b_3(Y - Y_S) + c_3(Z - Z_S)} \end{aligned}\right\} \tag{3-42}$$

式中 x,y——像点的像平面坐标;

x_0,y_0,f——影像的内方位元素;

X_S,Y_S,Z_S——摄影中心 S 的物方空间坐标;

X,Y,Z——像点对应的物方点的物方空间坐标;

a_i,b_i,c_i——影像的三个外方位角元素组成的 9 个方向余弦;

δ_x,δ_y——线性误差改正数(包含 $\mathrm{d}s,\mathrm{d}\beta$)。

其中,假设上式中的系统误差仅包括坐标轴不垂直误差 $\mathrm{d}\beta$ 和比例尺不一致误差 $\mathrm{d}s$ 引起的线性误差改正数,不正交性误差可认为是所用坐标仪 x 轴、y 轴不垂直引起的。对数字相机而言,不正交性误差可认为是像元 x、y 方向排列不垂直引起的。比例尺不一致误差 $\mathrm{d}s$ 可以认为是所用坐标仪 x 轴、y 轴单位长度不一致及摄影材料不均匀变形等因素引起的。对数字相机而言,比例尺不一致误差 $\mathrm{d}s$ 可以认为是像元 x、y 方向长度不等引起的。

在考虑以上两种误差的情况下,分别以 o 点和 c 点为坐标原点建立坐标系,如图 3-13 所示,其中 $o—\bar{x}\,\bar{y}$ 与 $c—xy$ 为直角坐标系,$o—xy$ 为非直角坐标系,$\mathrm{d}\beta$ 为坐标轴不垂直误差,$\mathrm{d}s$ 为比例尺不一致误差,像主点 o 的坐标为(x_0,y_0),P'为某一像点,其理想位置为 p 点,p 点在直角坐标系 $o—\bar{x}\,\bar{y}$ 中的坐标为(on_2,on_1),P'点在非直角坐标系 $o—xy$ 中的坐标为(om_2,om'_1)。

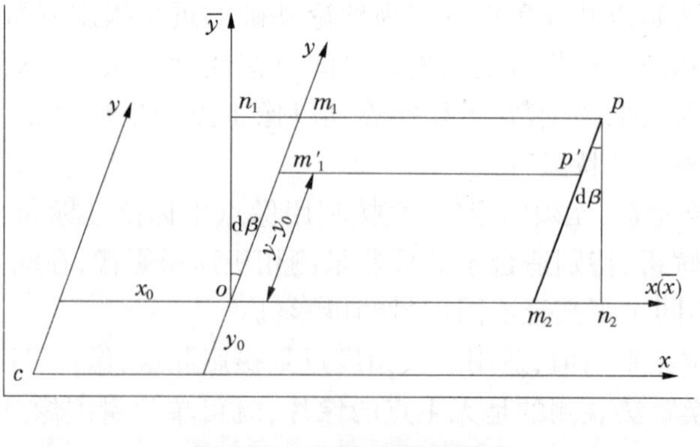

图 3-13 线性误差示意图

以上假设认为 x 轴方向无比例尺误差的影响,设 x 轴方向比例尺归化系数为 1,则 y 轴方向比例尺归化系数为$(1+\mathrm{d}s)$,设 x 轴方向主距为 f_x,则 y 轴方向主距 $f_y=f_x/(1+\mathrm{d}s)$,由此有

$$\delta x = on_2 - om_2 = m_2p\sin\mathrm{d}\beta = (1 + \mathrm{d}s)(y - y_0)\sin\mathrm{d}\beta$$

$$\delta y = on_1 - om'_1 = om'_1\cos\mathrm{d}\beta - om'_1$$

$$= (1 + ds)(y - y_0)\cos d\beta - (y - y_0)$$
$$= [(1 + ds)\cos d\beta - 1](y - y_0)$$

此时的共线条件方程可以写为

$$\left.\begin{aligned} x - x_0 + (1 + ds)(y - y_0)\sin d\beta + f_x \frac{a_1(X - X_S) + b_1(Y - Y_S) + c_1(Z - Z_S)}{a_3(X - X_S) + b_3(Y - Y_S) + c_3(Z - Z_S)} = 0 \\ y - y_0 + [(1 + ds)\cos d\beta - 1](y - y_0) + f_x \frac{a_2(X - X_S) + b_2(Y - Y_S) + c_1(Z - Z_S)}{a_3(X - X_S) + b_3(Y - Y_S) + c_3(Z - Z_S)} = 0 \end{aligned}\right\} \tag{3-43}$$

式(3-43)中含有 11 个独立参数,分别是:6 个外方位元素($X_S,Y_S,Z_S,\varphi,\omega,\kappa$);3 个内方位元素($x_0,y_0,f_x$);比例尺不一致系数 ds;$x,y$ 轴间的不正交系数 $d\beta$。

为了推导出像点坐标(x,y)与物方空间坐标(X,Y,Z)间的直接的关系,假设:

$$r_1 = -(a_1X_S+b_1X_S+c_1X_S)$$
$$r_2 = -(a_2X_S+b_2X_S+c_2X_S)$$
$$r_3 = -(a_3X_S+b_3X_S+c_3X_S)$$

式(3-43)可以写作

$$\left.\begin{aligned} x - x_0 + (1 + ds)(y - y_0)\sin d\beta + f_x \frac{a_1X + b_1Y + c_1Z + r_1}{a_3X + b_3Y + c_3Z + r_3} = 0 \\ y - y_0 + [(1 + ds)\cos d\beta - 1](y - y_0) + f_x \frac{a_2X + b_2Y + c_2Z + r_2}{a_3X + b_3Y + c_3Z + r_3} = 0 \end{aligned}\right\} \tag{3-44}$$

将式(3-44)中的第二项进行基本的数学变换,得到下式:

$$y = \frac{\frac{1}{r_3}\left[\frac{a_2f_x}{(1 + ds)\cos d\beta} - a_3y_0\right]}{\frac{a_3}{r_3}X + \frac{b_3}{r_3}Y + \frac{c_3}{r_3}Z + 1}X + \frac{\frac{1}{r_3}\left[\frac{b_2f_x}{(1 + ds)\cos d\beta} - b_3y_0\right]}{\frac{a_3}{r_3}X + \frac{b_3}{r_3}Y + \frac{c_3}{r_3}Z + 1}Y +$$
$$\frac{\frac{1}{r_3}\left[\frac{c_2f_x}{(1 + ds)\cos d\beta} - c_3y_0\right]}{\frac{a_3}{r_3}X + \frac{b_3}{r_3}Y + \frac{c_3}{r_3}Z + 1}Z + \frac{\frac{1}{r_3}\left[\frac{r_2f_x}{(1 + ds)\cos d\beta} - r_3y_0\right]}{\frac{a_3}{r_3}X + \frac{b_3}{r_3}Y + \frac{c_3}{r_3}Z + 1} = 0 \tag{3-45}$$

即

$$y + \frac{l_5X + l_6Y + l_7Z + l_8}{l_9X + l_{10}Y + l_{11}Z + 1} = 0 \tag{3-46}$$

其中:

$$l_9 = \frac{a_3}{r_3};l_{10} = \frac{b_3}{r_3};l_{11} = \frac{c_3}{r_3},$$
$$l_5 = \frac{1}{r_3}\left[\frac{a_2f_x}{(1 + ds)\cos d\beta} - a_3y_0\right],$$
$$l_6 = \frac{1}{r_3}\left[\frac{b_2f_x}{(1 + ds)\cos d\beta} - b_3y_0\right],$$

$$l_7=\frac{1}{r_3}\left[\frac{c_2f_x}{(1+\mathrm{d}s)\cos\mathrm{d}\beta}-c_3y_0\right],$$

$$l_8=\frac{1}{r_3}\left[\frac{r_2f_x}{(1+\mathrm{d}s)\cos\mathrm{d}\beta}-r_3y_0\right]$$

$$=-\frac{1}{r_3}\left[\frac{a_2f_x}{(1+\mathrm{d}s)\cos\mathrm{d}\beta}-a_3y_0\right]X_S+\frac{1}{r_3}\left[\frac{b_2f_x}{(1+\mathrm{d}s)\cos\mathrm{d}\beta}-b_3y_0\right]Y_S+$$

$$\frac{1}{r_3}\left[\frac{c_2f_x}{(1+\mathrm{d}s)\cos\mathrm{d}\beta}-c_3y_0\right]Z_S$$

$$=-(l_5X_S+l_6Y_S+l_7Z_S)$$

同理,由将式(3-44)中的第1式×cosdβ-第2式×sindβ,再经过一般的数学运算,得到下式:

$$x=\frac{\frac{1}{r_3}(a_1f_x-a_2f_x\tan\mathrm{d}\beta-a_3x_0)X}{\frac{a_3}{r_3}X+\frac{b_3}{r_3}Y+\frac{c_3}{r_3}Z+1}+\frac{\frac{1}{r_3}(b_1f_x-b_2f_x\tan\mathrm{d}\beta-b_3x_0)Y}{\frac{a_3}{r_3}X+\frac{b_3}{r_3}Y+\frac{c_3}{r_3}Z+1}+$$

$$\frac{\frac{1}{r_3}(c_1f_x-c_2f_x\tan\mathrm{d}\beta-c_3x_0)Z}{\frac{a_3}{r_3}X+\frac{b_3}{r_3}Y+\frac{c_3}{r_3}Z+1}+\frac{\frac{1}{r_3}(r_1f_x-r_2f_x\tan\mathrm{d}\beta-r_3x_0)}{\frac{a_3}{r_3}X+\frac{b_3}{r_3}Y+\frac{c_3}{r_3}Z+1}=0 \tag{3-47}$$

可简化为

$$x+\frac{l_1X+l_2Y+l_3Z+l_4}{l_9X+l_{10}Y+l_{11}Z+1}=0 \tag{3-48}$$

综合以上两式,获得 L 系数的完整表达式:

$$l_1=\frac{1}{r_3}(a_1f_x-a_2f_x\tan\mathrm{d}\beta-a_3x_0)$$

$$l_2=\frac{1}{r_3}(b_1f_x-b_2f_x\tan\mathrm{d}\beta-b_3x_0)$$

$$l_3=\frac{1}{r_3}(c_1f_x-c_2f_x\tan\mathrm{d}\beta-c_3x_0)$$

$$l_4=-(l_1X_S+l_2Y_S+l_3Z_S)$$

$$l_5=\frac{1}{r_3}\left[\frac{a_2f_x}{(1+\mathrm{d}s)\cos\mathrm{d}\beta}-a_3y_0\right]$$

$$l_6=\frac{1}{r_3}\left[\frac{b_2f_x}{(1+\mathrm{d}s)\cos\mathrm{d}\beta}-b_3y_0\right]$$

$$l_7=\frac{1}{r_3}\left[\frac{c_2f_x}{(1+\mathrm{d}s)\cos\mathrm{d}\beta}-c_3y_0\right]$$

$$l_8=-(l_5X_S+l_6Y_S+l_7Z_S)$$

$$l_9=\frac{a_3}{r_3},l_{10}=\frac{b_3}{r_3},l_{11}=\frac{c_3}{r_3}$$

根据以上推导，获得了直接线性变换法（DLT）的基本关系式：

$$\left.\begin{aligned} x + \frac{l_1X + l_2Y + l_3Z + l_4}{l_9X + l_{10}Y + l_{11}Z + 1} = 0 \\ y + \frac{l_5X + l_6Y + l_7Z + l_8}{l_9X + l_{10}Y + l_{11}Z + 1} = 0 \end{aligned}\right\} \tag{3-49}$$

式中包含：像点坐标(x,y)；物方空间坐标(X,Y,Z)；成像参数 $l_i(i=1,2,\cdots,11)$系数。

其中，l_i 系数是外方位元素$(X_S,Y_S,Z_S,\varphi,\omega,\kappa)$、内方位元素$(x_0,y_0,f_x)$ 、坐标轴不正交系数 $d\beta$、坐标轴比例不一致系数 ds 的函数。

三、直接线性变换解法

（一）l 系数的求解

对于直接线性表达式(3-49)，可以写成如下形式，即以 l 系数为未知数的方程：

$$\left.\begin{aligned} l_1X + l_2Y + l_3Z + l_4 + 0 + 0 + 0 + 0 + xl_9X + xl_{10}Y + xl_{11}Z + x = 0 \\ 0 + 0 + 0 + 0 + l_5X + l_6Y + l_7Z + l_8 + yl_9X + yl_{10}Y + yl_{11}Z + y = 0 \end{aligned}\right\} \tag{3-50}$$

由式(3-50)知，由物方空间控制点(X,Y,Z)及对应的像点(x,y)，即可以解算 l 系数，要求解 11 个 l 系数，物方空间至少布置 6 个控制点，略去一个方程式，获得共 11 个方程，组成方程组，其中 $n=6$：

$$\begin{bmatrix} X_1 & Y_1 & Z_1 & 1 & 0 & 0 & 0 & 0 & x_1X_1 & x_1Y_1 & x_1Z_1 \\ 0 & 0 & 0 & 0 & X_1 & Y_1 & Z_1 & 1 & y_1X_1 & y_1Y_1 & x_1Z_1 \\ X_2 & Y_2 & Z_2 & 1 & 0 & 0 & 0 & 0 & x_2X_2 & x_2Y_2 & x_2Z_2 \\ 0 & 0 & 0 & 0 & X_2 & Y_2 & Z_2 & 1 & y_2X_2 & y_2Y_2 & y_2Z_2 \\ \vdots & \vdots & \vdots & \vdots & \vdots & \vdots & \vdots & \vdots & \vdots & \vdots & \vdots \\ X_n & Y_n & Z_n & 1 & 0 & 0 & 0 & 0 & x_nX_n & x_nY_n & x_nZ_n \\ 0 & 0 & 0 & 0 & X_n & Y_n & Z_n & 1 & y_nX_n & y_nY_n & y_nZ_n \end{bmatrix} \begin{bmatrix} l_1 \\ l_2 \\ l_3 \\ l_4 \\ l_5 \\ l_6 \\ l_7 \\ l_8 \\ l_9 \\ l_{10} \\ l_{11} \end{bmatrix} = \begin{bmatrix} -x_1 \\ -y_1 \\ -x_2 \\ -y_2 \\ \vdots \\ -x_n \\ -y_n \end{bmatrix} \tag{3-51}$$

（二）内方位元素的解算

在共线条件方程式中，a_i、b_i、$c_i(i=1,2,3)$为外方位元素三个姿态角(φ,ω,κ)的函数，其组成的旋转矩阵 $\boldsymbol{R}$ 为正交矩阵：

$$\boldsymbol{R} = \begin{bmatrix} a_1 & b_1 & c_1 \\ a_2 & b_2 & c_2 \\ a_3 & b_3 & c_3 \end{bmatrix}$$

$a_1 = \cos\varphi\cos\kappa - \sin\varphi\sin\omega\sin\kappa$

$a_2 = -\cos\varphi\sin\kappa - \sin\varphi\sin\omega\cos\kappa$

$a_3 = -\sin\varphi\cos\omega$

$b_1 = \cos\omega\sin\kappa$

$b_2 = \cos\omega\cos\kappa$

$b_3 = -\sin\omega$

$c_1 = \sin\varphi\cos\kappa + \cos\varphi\sin\omega\sin\kappa$

$c_2 = -\sin\varphi\sin\kappa + \cos\varphi\sin\omega\cos\kappa$

$c_3 = \cos\varphi\cos\omega$

根据正交矩阵的性质知：

$$\left.\begin{aligned} a_1a_3 + b_1b_3 + c_1c_3 = 0 \\ a_2a_3 + b_2b_3 + c_1c_3 = 0 \\ a_3^2 + b_3^2 + c_3^2 = 1 \end{aligned}\right\} \tag{3-52}$$

下面将 l 系数进行数学关系换算：

根据：

$$l_9 = \frac{a_3}{r_3}, l_{10} = \frac{b_3}{r_3}, l_{11} = \frac{c_3}{r_3}$$

可以得到：

$$l_9^2 + l_{10}^2 + l_{11}^2 = \frac{a_3^2 + b_3^2 + c_3^2}{r_3^2} = \frac{1}{r_3^2} \tag{3-53}$$

$$\begin{aligned} l_1l_9 + l_2l_{10} + l_3l_{11} &= \frac{1}{r_3^2}(a_1a_3f_x - a_2a_3f_x\tan d\beta - a_3^2x_0) + \\ &\quad \frac{1}{r_3^2}(b_1b_3f_x - b_2b_3f_x\tan d\beta - b_3^2x_0) + \frac{1}{r_3^2}(c_1c_3f_x - c_2c_3f_x\tan d\beta - c_3^2x_0) \\ &= \frac{1}{r_3^2}(-a_3^2 - b_3^2 - c_3^2)x_0 = -\frac{1}{r_3^2}x_0 \end{aligned} \tag{3-54}$$

$$\begin{aligned} l_5l_9 + l_6l_{10} + l_7l_{11} &= \frac{1}{r_3^2}\left[\frac{a_2a_3f_x}{(1+ds)\cos d\beta} - a_3^2y_0\right] + \frac{1}{r_3^2}\left[\frac{b_2b_3f_x}{(1+ds)\cos d\beta} - b_3^2y_0\right] + \\ &\quad \frac{1}{r_3^2}\left[\frac{c_2c_3f_x}{(1+ds)\cos d\beta} - c_3^2y_0\right] + \frac{1}{r_3^2}(-a_3^2 - b_3^2 - c_3^2)y_0 = -\frac{1}{r_3^2}y_0 \end{aligned} \tag{3-55}$$

由式(3-53)~式(3-55)可得：

$$\left.\begin{aligned} x_0 = -\frac{l_1l_9 + l_2l_{10} + l_3l_{11}}{l_9^2 + l_{10}^2 + l_{11}^2} \\ y_0 = -\frac{l_5l_9 + l_6l_{10} + l_7l_{11}}{l_9^2 + l_{10}^2 + l_{11}^2} \end{aligned}\right\} \tag{3-56}$$

内方位元素中的主距 f 需要进一步求解，根据 l 系数的表达式，可以得到：

$$l_1^2 + l_2^2 + l_3^2 = \frac{1}{r_3^2}(f_x^2 + f_x^2\tan^2 d\beta + x_0^2) = \frac{1}{r_3^2}\left(\frac{f_x^2}{\cos d\beta} + x_0^2\right) \tag{3-57}$$

$$l_5^2 + l_6^2 + l_7^2 = \frac{1}{r_3^2}\left[\frac{f_x^2}{(1+ds)^2\cos^2 d\beta} + y_0^2\right] \tag{3-58}$$

$$l_1l_5+l_2l_6+l_3l_7=\frac{1}{r_3^2}\left(x_0y_0-\frac{f_x^2\sin d\beta}{(1+ds)\cos^2 d\beta}\right) \tag{3-59}$$

令：

$$r_3^2(l_1^2+l_2^2+l_3^2)-x_0^2=\frac{f_x^2}{\cos^2 d\beta}=A$$

$$r_3^2(l_5^2+l_6^2+l_7^2)-y_0^2=\frac{f_x^2}{(1+ds)^2\cos^2 d\beta})=B$$

$$r_3^2(l_1l_5+l_2l_6+l_3l_7)-x_0y_0=\frac{f_x^2\sin d\beta}{(1+ds)\cos^2 d\beta})=C$$

由此可得

$$\left.\begin{aligned} f_x&=\sqrt{A}\cos d\beta\\ f_y&=\frac{f_x}{1+ds}=\frac{\sqrt{A}\cos d\beta}{1+ds}\end{aligned}\right\} \tag{3-60}$$

以及

$$\left.\begin{aligned} (1+ds)^2&=\frac{A}{B}\\ -\sin d\beta(1+ds)&=\frac{C}{B}\end{aligned}\right\} \tag{3-61}$$

进一步解算可得

$$\left.\begin{aligned} ds&=\sqrt{\frac{A}{B}}-1\\ \sin d\beta&=\pm\sqrt{\frac{C^2}{AB}}\end{aligned}\right\} \tag{3-62}$$

综上所述，获得内方位元素参数表达式：

$$\left.\begin{aligned}
x_0&=-\frac{l_1l_9+l_2l_{10}+l_3l_{11}}{l_9^2+l_{10}^2+l_{11}^2}\\
y_0&=-\frac{l_5l_9+l_6l_{10}+l_7l_{11}}{l_9^2+l_{10}^2+l_{11}^2}\\
d\beta&=\arcsin\sqrt{\frac{C^2}{AB}}=\arcsin\frac{r_3^2(l_1l_5+l_2l_6+l_3l_7)-x_0y_0}{[r_3^2(l_1^2+l_2^2+l_3^2)-x_0^2][r_3^2(l_5^2+l_6^2+l_7^2)-y_0^2]}\\
ds&=\sqrt{\frac{r_3^2(l_1^2+l_2^2+l_3^2)-x_0^2}{r_3^2(l_5^2+l_6^2+l_7^2)-y_0^2}}-1\\
f_x&=\cos d\beta\sqrt{r_3^2(l_1^2+l_2^2+l_3^2)-x_0^2}\\
f_y&=\frac{f_x}{1+ds}
\end{aligned}\right\} \tag{3-63}$$

其中：

$$r_2^3 = \frac{1}{l_9^2 + l_{10}^2 + l_{11}^2}$$

通过式(3-63),便可利用已知的 l 系数,求解摄影像片的内方位广义元素(x_0, y_0, f_x, f_y, $d\beta$, ds)。此时的 f_x、f_y 不同于摄影机的主距 f,只有当 x 向坐标不受线性变形影响时,x 向的主距 f_x 才与 f 相等。

(三)外方位元素的解算

1.线元素求解

根据 l_9、l_{10} 和 l_{11} 的表达式,可以得出:

$$l_9X_S + l_{10}Y_S + l_{11}Z_S = \frac{a_3}{r_3}X_S + \frac{b_3}{r_3}Y_S + \frac{c_3}{r_3}Z_S = -\frac{a_3X_S + b_3Y_S + c_3Z_S}{a_3X_S + b_3Y_S + c_3Z_S} = -1$$

再结合 l_4、l_8 的表达式,可以得到:

$$\left.\begin{aligned} l_1X_S + l_2Y_S + l_3Z_S &= -l_4 \\ l_5X_S + l_6Y_S + l_7Z_S &= -l_8 \\ l_9X_S + l_{10}Y_S + l_{11}Z_S &= -1 \end{aligned}\right\} \tag{3-64}$$

根据式(3-64),利用已知的 l 系数,便可求解外方位元素的三个线元素(X_S, Y_S, Z_S)。

2.角元素求解

根据 l_5、l_9、l_{10} 和 l_{11} 的表达式,可以得出:

$$a_3 = r_3 l_9$$

$$b_3 = r_3 l_{10}$$

$$c_3 = r_3 l_{11}$$

$$a_2 = \frac{l_5 r_3 + a_3 y_0}{f_x[(1 + ds)\cos d\beta]^{-1}}$$

$$l_9^2 + l_{10}^2 + l_{11}^2 = \frac{a_3^2 + b_3^2 + c_3^2}{r_3^2} = \frac{1}{r_3^2}$$

进一步得出:

$$\left.\begin{aligned} a_3 &= \frac{l_9}{\sqrt{l_9^2 + l_{10}^2 + l_{11}^2}} \\ b_3 &= \frac{l_{10}}{\sqrt{l_9^2 + l_{10}^2 + l_{11}^2}} \\ c_3 &= \frac{l_{11}}{\sqrt{l_9^2 + l_{10}^2 + l_{11}^2}} \\ a_2 &= \frac{r_3(l_5 + l_9 y_0)(1 + ds)\cos d\beta}{f_x} \end{aligned}\right\} \tag{3-65}$$

根据外方位角元素公式:

$$\left.\begin{aligned} a_3 &= -\sin\varphi\cos\omega \\ b_3 &= -\sin\omega \\ c_3 &= \cos\varphi\cos\omega \\ b_1 &= \cos\omega\sin\kappa \\ b_2 &= \cos\omega\cos\kappa \\ a_2 &= -\cos\varphi\sin\kappa - \sin\varphi sin\omega\cos\kappa \end{aligned}\right\} \tag{3-66}$$

进一步得出：

$$\left.\begin{aligned} \sin\omega &= -b_3 = -\frac{l_{10}}{\sqrt{l_9^2 + l_{10}^2 + l_{11}^2}} \\ \tan\varphi &= \frac{a_3}{c_3} = \frac{l_9}{l_{11}} \\ \tan\kappa &= \frac{b_1}{b_2} \end{aligned}\right\} \tag{3-67}$$

式(3-67)便是外方位角元素的求解公式，其中，角元素 κ 值的求解是在求得 ω、φ 和 a_2 的值之后，再结合正余弦关系式 $\sin^2\kappa+\cos^2\kappa=1$，便可求解。

(四)物方空间坐标的求解

根据直接线性变换公式，可以得到以物方空间坐标(X、Y、Z)为未知数的方程：

$$\left.\begin{aligned} (l_1 + xl_9)X + (l_2 + xl_{10})Y + (l_3 + xl_{11})Z + (l_4 + x) = 0 \\ (l_5 + yl_9)X + (l_6 + yl_{10})Y + (l_7 + yl_{11})Z + (l_8 + y) = 0 \end{aligned}\right\} \tag{3-68}$$

为了求解(X,Y,Z)这三个未知数，需要至少三个方程，也就是至少需要获得两张摄影像片，从而获得两组 l 系数的已知值，共四个方程，略去其中一个方程，便可进行物方空间坐标(X,Y,Z)的求解。

通过直接线性变换法求解，不难发现，l 系数的求解相当于普通解析法中的空间后方交会法，而物方空间坐标(X,Y,Z)的求解过程，相当于立体像对空间前方交会法，因此适用于非量测相机的直接线性变换法与量测相机所摄影像的空间后方交会-前方交会法，有异曲同工之妙。

四、直接线性变换解法需注意的问题

直接线性变换解法是通过共线条件方程演化而来的，可以直接通过像点坐标仪坐标和相应物点物方空间坐标之间直接线性关系，解求 l 系数、广义的内方位元素、外方位元素和物方空间坐标。在求解的过程中，需要注意以下几个问题。

(一)直接线性变换法的精度

第二节所述的 l 系数及物方空间坐标的解算过程，暂时不考虑像点坐标观测值改正数(v_x,v_y)，以及像点坐标的非线性改正数($\Delta x,\Delta y$)(主要是镜头的光学畸变差)，且略去了多余观测值。在实际工作中，为了确保解算的准确性，需要适量的多余观测值，并考虑误差的存在。据此，得到直接线性变化表达式为

$$\left.\begin{aligned}(x+v_x)+\Delta x+\frac{l_1X+l_2Y+l_3Z+l_4}{l_9X+l_{10}Y+l_{11}Z+1}=0\\(y+v_y)+\Delta y+\frac{l_5X+l_6Y+l_7Z+l_8}{l_9X+l_{10}Y+l_{11}Z+1}=0\end{aligned}\right\}\tag{3-69}$$

其中：

$$\left.\begin{aligned}\Delta x=(x-x_0)(k_1r^2+k_2r^4+\cdots)+P_1[r^2+2(x-x_0)^2]+2P_2(x-x_0)(y-y_0)\\\Delta y=(y-y_0)(k_1r^2+k_2r^4+\cdots)+P_2[r^2+2(y-y_0)^2]+2P_1(x-x_0)(y-y_0)\end{aligned}\right\}\tag{3-70}$$

式中 (x,y)——像点的坐标仪坐标；

(x_0,y_0)——像主点的坐标仪坐标；

$k_1,k_2,\cdots$——对称径向畸变系数；

P_1,P_2——切向畸变系数；

$r=\sqrt{(x-x_0)^2+(y-y_0)^2}$。

根据式(3-69)，可以建立像点坐标观测值(x,y)的误差方程式以及物方空间坐标系(X,Y,Z)的误差方程式，分别通过迭代运算，按照一定的精度要求，设定阈值，先后进行l系数以及物方空间坐标(X,Y,Z)的精确计算。

直接线性变换解法可提供1/5 000摄影距离精度的测量成果。其中，影响直接线性变换解法精度的因素有：像点坐标量测精度，控制点的数量、质量、分布，两像片主光轴的交会角（交会图形），像片张数以及非线性畸变误差的改正程度等。

（二）控制点的分布

直接线性变换解法要求至少6个控制点，为了避免解的不定性，控制点不能布设在所设测区的空间曲面上，不能位于一个平（斜）面上或者近似平（斜）面上，否则在解算过程中，改正数方程系数矩阵的最大秩小于参数的个数，组成的法方程无法得到唯一的解。一般要求是，控制点均匀分布于测区内，环绕被测目标，使其在像片上的构像范围越大越好。由此可见，直接线性变换应用于地形摄影测量是不可取的。

（三）摄站点不能与物方坐标系原点重合

在计算过程中，定义$\bar{A}$为

$$\bar{A}=l_9X+l_{10}Y+l_{11}Z+1\tag{3-71}$$

再结合

$$l_9=\frac{a_3}{r_3},l_{10}=\frac{b_3}{r_3},l_{11}=\frac{c_3}{r_3}$$

$$r_3=-(a_3X_S+b_3X_S+c_3X_S)$$

可以得出

$$\begin{aligned}\bar{A}&=l_9X+l_{10}Y+l_{11}Z+1\\&=1-\frac{a_3}{(a_3X_S+b_3X_S+c_3X_S)}X-\frac{b_3}{(a_3X_S+b_3X_S+c_3X_S)}Y-\frac{c_3}{(a_3X_S+b_3X_S+c_3X_S)}Z\end{aligned}$$

$$= -\frac{a_3(X-X_S)+b_3(Y-Y_S)+c_3(Z-Z_S)}{(a_3X_S+b_3X_S+c_3X_S)}$$

$$= -\frac{\overline{Z}}{Z'_S} \tag{3-72}$$

其中，$\overline{Z}=a_3(X-X_S)+b_3(Y-Y_S)+c_3(Z-Z_S)$，代表物点在像空间辅助坐标系中的坐标，$Z'_S=a_3X_S+b_3X_S+c_3X_S$，代表摄影中心 S 在物方空间坐标系中的坐标，两坐标系坐标原点不同，坐标轴两两平行。

如果摄影中心 S 位于物方空间坐标系的原点，则 $Z'_S=0$，此时，

$$\overline{A}=-\frac{\overline{Z}}{Z'_S}=-\frac{\overline{Z}}{0}$$

在这种情况下，各观测点的 $\overline{A}$ 值为无穷大，导致解算的不收敛性。

通过对 $\overline{A}$ 值的分析可以得出，在利用直接线性变化解法时，摄影中心 S 要远离物方空间坐标系的原点，最佳位置是位于物体的重心，即在解算前进行坐标中心化处理。

第四节 近景摄影测量的控制

一、近景摄影测量控制的概念

在近景摄影测量中，通常在被摄物体周围布设一些控制点，将近景摄影测量纳入给定的物方空间坐标系中，以便用直接线性变换解法求取内、外方位元素。近景摄影测量与航空摄影测量的控制方式有明显不同，航空摄影测量的控制方式以地面控制点为主，且多为明显的地面点；近景摄影测量除采用地面控制点外，还有相对控制方式，且常常使用人工标志。

其中，近景摄影测量控制的目的有 3 个：①把所构建的近景摄影测量网纳入给定的物方空间坐标系；②通过多余的控制（包括控制点或相对控制）加强摄影测量网的强度；③通过多余的控制点或相对控制检查摄影测量的精度和可靠性。

控制点与相对控制是近景摄影测量中使用的两类控制。控制点通常是在被测目标上或其周围测定的已知坐标的标志点。相对控制是指摄影测量处理中未知点间某种已知的几何关系，如物方空间两个未知点间的已知长度，在无法或不便于布设控制点时，相对控制是唯一的选择。

近景摄影测量中，三维控制点的测定原则上采用常规的测量方法。但由于控制点测定精度要求高（如要达到亚毫米级或者更高），故作业方法的某些细节有别于常规测量。二维控制应布设在同一个平面上，故应特别注意二维控制点偏离该平面所造成的影响，一般用于摄影机检定。一维控制点的布设除采用上述常规方法外，还使用某种标准尺，如因瓦基线尺、不同等级的水准尺、显微测量中刻在玻璃或金属上的长度乃至某些有标准长度的微生物体。

二、近景摄影测量控制的一般测量方法

近景摄影测量实测中所需控制点的坐标（X,Y,Z），常常使用普通测量的方法测算。对

于亚毫米级的近景摄影测量控制，常以普通测量的前方交会解算其平面坐标(X,Y)，然后按间接高程的方法再解求其高程(Z)。

其一般测量过程如下。

(一)前方交会法——计算平面坐标

如图 3-14 所示，已知 A 点坐标(X_A,Y_A,Z_A)，B 点坐标(X_B,Y_B,Z_B)，夹角$\angle A$、$\angle B$ 可由全站仪测得，P_0 点为待求点(X_P,Y_P)，根据前方交会公式，可以得到

$$\left.\begin{aligned} X_P &= \frac{X_A\cot B + X_B\cot A - Y_A + Y_B}{\cot A + \cot B} \\ Y_P &= \frac{Y_A\cot B + Y_B\cot A + X_A - X_B}{\cot A + \cot B} \end{aligned}\right\} \tag{3-73}$$

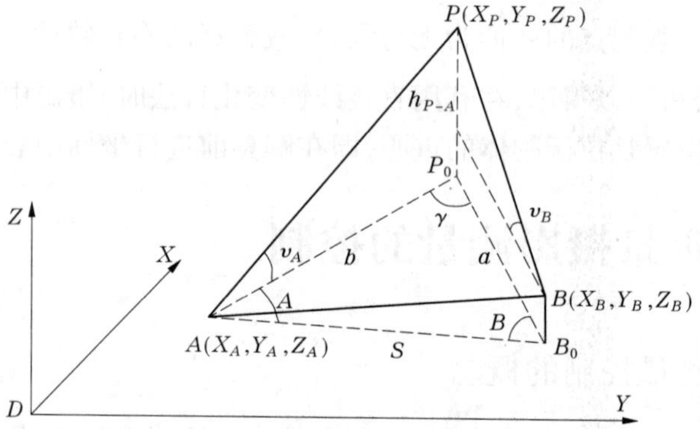

图 3-14 空间前方交会法示意图

根据式(3-73)便可求解点 P 的平面坐标。若 A 点与物方空间坐标系原点重合，且 AB 连线的水平投影与物方空间坐标系的 Y 轴重合，则 $Y_B=S$,$X_B=0$。

式(3-73)可写为

$$\left.\begin{aligned} X_P &= \frac{S}{\cot A + \cot B} \\ Y_P &= \frac{S\cot A}{\cot A + \cot B} \end{aligned}\right\} \tag{3-74}$$

(二)间接高程法——计算高程坐标

根据图 3-14 可以得到

$$\left.\begin{aligned} a &= \sqrt{(X_P - X_B)^2 + (Y_P - Y_B)^2} \\ b &= \sqrt{(X_P - X_A)^2 + (Y_P - Y_A)^2} \end{aligned}\right\} \tag{3-75}$$

从 A 点测得 P 点的垂直角为 ν_A，从 B 点测得 P 点的垂直角为 ν_B，则：

A、P 点间高差可计算：$h_{AP}=b\tan\nu_A$

B、P 点间高差可计算：$h_{BP}=a\tan\nu_B$

则 P 点高程为

$$H_P = H_A + h_{AP} = H_A + b\tan\nu_A$$

或者

$$H_P = H_B + h_{BP} = H_B + a\tan\nu_B$$

若测量中没有误差，则 P 点高程可任取其中之一（可假设测站点高程为某常数）。测量中不可避免地存在误差，若分别从测站 A、B 测得的 P 点高程差值小于设定的精度要求，则取其均值即可，即

$$Z_P = \frac{1}{2}(H_A + H_B) + \frac{1}{2}(b\tan\nu_A + a\tan\nu_B) \tag{3-76}$$

（三）测站平面坐标的获取

以上计算过程假设 A、B 两点坐标已知，在测站 A、B 坐标未知的情况下，需要首先获得两测站的坐标。这里介绍一种获取 A、B 两点平面坐标的方法，如图 3-15(a) 所示，假设物方空间坐标系原点与 A 点重合，且 Y 轴与 AB 连线的水平投影在同一条线上，则 A 点坐标为 (0,0)，B 点坐标为 $(0,S_{AB})$，确定基线间长度 S_{AB} 即可确定两测站的平面坐标。可以采用标准尺法进行测量，在测量基线的前方，水平放置一根高精度的标准尺，按前方交会方法测得尺上两点的坐标后，计算其长度，求出它与真尺长的比值，改化基线长度。

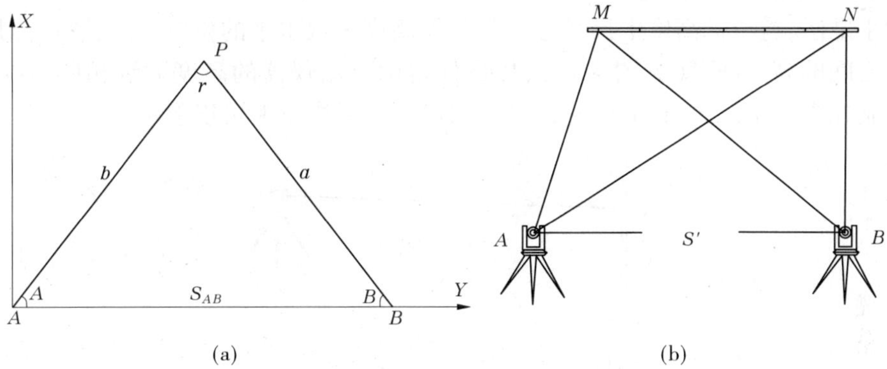

图 3-15　标准尺法示意图

方法如下：

(1) 根据实际情况安置两测站 A、B 后，近似量取基线长度 S'_{AB} 作为初值。

(2) 在测量基线的前方，水平放置一根高精度的水准标尺，在其上选取两个刻划 M、N，做出标记，其真长记为 S_{MN}。

(3) 确定起始方向线。

(4) 在两测站 A、B 安置全站仪，按前方交会法分别测量 M、N 两点的水平角。

(5) 按前方交会公式计算 M、N 两点的平面坐标。

(6) 计算 M、N 两点间的距离，记为 S'_{MN}。

$$S'_{MN} = \sqrt{(X_M - X_N)^2 + (Y_M - Y_N)^2}$$

(7) 计算比例尺归化系数 $l = S_{MN}/S'_{MN}$。

(8) 求解基线长度 $S_{AB} = lS'_{AB}$。

如果标准尺放置不水平，如图 3-16 所示，对于这种情况：

在上述步骤(4)中，除量测 M、N 两点的水平角外，还需按三角高程法测量 M、N 两点的

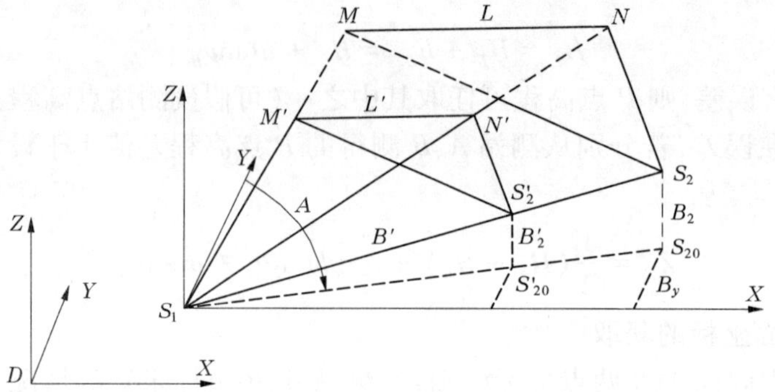

图 3-16　标准尺放置不水平示意图

垂直角，并按按三角高程公式计算 M、N 两点的高程 Z_M 和 Z_N，最后计算 M、N 两点间的距离，记为 S'_{MN}，则 $S'_{MN}=\sqrt{(X_M-X_N)^2+(Y_M-Y_N)^2+(Z_M-Z_N)^2}$；接着，计算比例尺归化系数 $\lambda=S_{MN}/S'_{MN}$，并求解测量基线长度 $S_{AB}=lS'_{AB}$。

（四）测站高差的获取

采用水准法，将游标高度卡尺悬挂在与仪器高度大致水平的位置，在两测站点用全站仪测量两点之间的高差即可（见图 3-17），尽量使得两测站仪器的高度大致相同，这样所得的高差可控制在数毫米之内，这时游标高度卡尺的膨胀系数影响可以忽略。

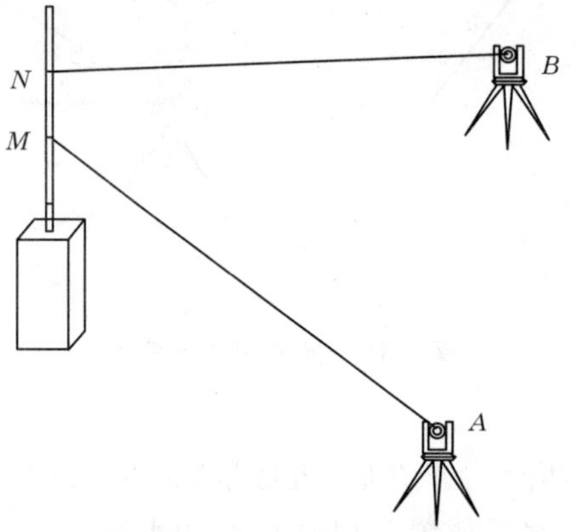

图 3-17　水准法测高差示意图

（五）控制点精度分析

1. 平面精度分析

根据前方交会公式（3-73），平面点位中误差 M_P 的表达式为

$$M_P=\sqrt{\frac{m^2}{\rho^2}\frac{a^2+b^2}{\sin^2\gamma}+m_A^2\left(\frac{a}{S}\right)^2+m_B^2\left(\frac{b}{S}\right)^2} \tag{3-77}$$

式中　m_A，m_B——测站点 A、B 的点位中误差；

m——内角 A、B 的测角中误差；

S——基线 AB 的长度。

2.高程精度分析

当不考虑仪器高和目标高的影响时,高程中误差的表达式为

$$M_h = \sqrt{\tan^2\alpha m_S^2 + (\frac{S}{\cos^2\alpha})^2(\frac{m_\alpha}{\rho})^2} \tag{3-78}$$

式中 m_S——测站点与待定点间的距离中误差;

m_α——垂直角的测角中误差;

α——垂直角。

(六)布设控制点原则

(1)控制点应分布立体、均匀,并且要注意控制点在测区边缘的布设情况,加强边缘控制,另外控制点不能近似布设在一条直线上,而应布设成网状结构。

(2)在一定范围内增加控制点的数量可以提高未知点物方坐标的解算精度,但控制点数量并不是越多越好,一些试验表明,控制点数量在 10 个左右较好。若控制点数量过少,多余观测量不足,会影响近景摄影测量的解算精度;若控制点数目过多,增加了不必要的工作量和计算量,增加了数据处理的时间,点位中误差并不能得到明显改善。

(3)在控制点能在测区均匀布设的情况下,可以适当地减少控制点数量(但不能少于 7 个),这样不仅仍然可以满足精度要求,而且减少了工作量和计算量,节省了数据处理时间。

若受自然环境的影响控制点不能均匀分布,或控制点均匀分布但无法清晰地呈现在照片上,可以通过增加控制点的数量来提高近景摄影测量的解算精度。

三、控制点标志

控制点标志包含人工标志和选取特征点标志两种,对于不能布设人工标志的现场,可以采用特征点作为标志,如特殊形状岩石的角点、草根部等易于辨识的特征点;对于能够布设人工标志的现场,最好采用人工标志,设有人工标志点的布设方式提高了像点的辨识,特别适合目标点的自动判读,也可以保证或提高测量精度和可靠性。人工标志所用的材料、形状、大小以及颜色是各不相同的,这些因素也直接影响测定精度。

(一)标志的形状

控制点标志的形状在设计时要考虑到测量和摄影图像后期处理两方面的要求,可以用摄影方法制作,首先设计并描绘出标志的原始图,然后经过摄影获得标志底片,最后根据所需标志的大小,打印标志像片;也可以在 AutoCAD 中设计标志的原始图,再按照指定比例在打印机上输出即可。人工标志有平面和立体两种,如图 3-18(a)、(b)所示,为几种常见的平面标志,外形为方形和圆形的标志具有中心对称成辐射状的形状特征,成像变形特征简单,便于识别。图 3-18(c)是用于室内的立体标志,将电线的塑料绝缘套 1 套在钢丝 3 上,在绝缘套上再布置适当标志 2,悬挂在室内房顶的每一根钢丝上可布设若干个这种标志,数根钢丝则可构成一个三维控制系统,采用立体标志可以克服平面形状标志在大角度摄影时引起的透视变形。

(二)标志的尺寸

为了便于在图像上辨识和量测,控制点标志大小可以根据摄像比例尺确定,以圆形控制点标志为例,根据摄影测量通常采用的标志点直径的经验取值方法,并考虑到近景摄影测量的特殊性,可确定标志点的直径为 D,即

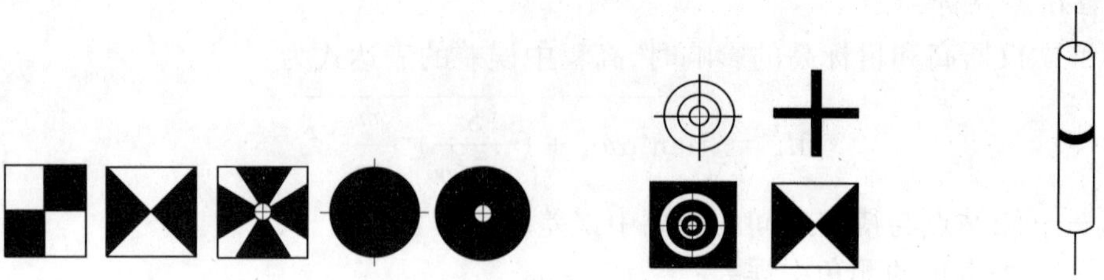

(a)　(b)　(c)

图 3-18　几种常见的标志

$$D = \frac{2dL}{f\sin 2\alpha + d\cos^2\alpha} \tag{3-79}$$

式中　D——控制点标志的直径；

d——立体坐标量测仪测标的直径；

L——控制点的标志距摄站点的水平距离；

f——摄像机的焦距；

α——控制点标志中心和摄站点连线与水平面间的夹角，$\tan\alpha = \frac{H}{L}$，H 为摄站点到标志点的垂直距离。

（三）标志点的颜色

标志点与周围背景在图像应具有良好的反差，这项特征有时比标志大小的选择更为重要，一般可采用黑色、白色、黄色或两色相间，或者根据需要使用反光标志。

四、物方空间坐标系的多种定义方法

当近景摄影测量中所测目标仅仅是它的形状与尺寸，而不需要它的绝对位置时，物方空间坐标系的确定以及近景摄影测量网在其中的纳入可以灵活地采取用下列某种方法，或者综合地使用它们，如图 3-19 所示。

（1）设定物方空间坐标系后，按布设的控制点将近景摄影测量网纳入。在目标附近设定一物方空间坐标系 D—XYZ 后，依据此坐标系内测定的一组控制点（最少需要 2 个三维控制点和 1 个一维控制点），如点 P_1、P_2 与 P_3，将所建摄影测量网纳入，如图 3-19 所示。此方法与常规（航空）摄影测量相同。

（2）给某像片外方位元素赋值以定义物方空间坐标系后，再依物方空间已知长度将摄影测量网纳入。为近景摄影测量网中某像片赋值，例如为图 3-19 中的像片 P_1 赋值（X_S = 1 000，$Y_S = 0$，Z_S = 3 000，$\varphi = 45°$，$\omega = \kappa = 0°$），从而确定物方空间坐标系 D—XYZ 的原点和坐标轴向；此后再依物方已知长度（至少一根已知长度）将摄影测量网纳入。

物方的已知长度可以选择为：①在目标上或其附近测定的某已知长度，包括标准尺，如 MN；②测定两摄影中心的距离，即摄影基线，如 $B12$；③测定某一摄影中心至某物方点的距离，如 $D1$。

（3）对物方点赋值以定义物方空间坐标系，再依物方直线相对控制将摄影测量网纳入。对物方点赋值（例如为点 M 的三维坐标赋值，设定 M、N、Q 等高，给 MN 方向 α 赋值），则可

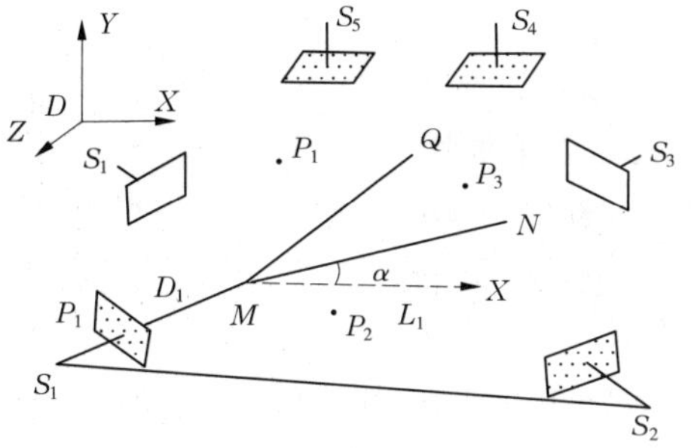

图 3-19 物方空间坐标系的不同定义方法

定义物方空间坐标系 $D—XYZ$，实地量得距离 $MN=L$，又可将摄影测量网纳入。从以上讨论可以看出，近景摄影测量物方空间坐标系的定义以及后续的摄影测量网的纳入方法多种多样。正确的选择可以减少控制工作量，使测量成果更适宜于特定目标的需要。

关于控制点的测定精度可以做如下的概略分析。设待定点坐标中误差 m 由控制点坐标中误差 $m_{控}$ 和摄影测量中误差 $m_{摄}$ 两部分组成，即为了使 $m_{控}$ 对 m 不构成影响，常取 $m_{控}<m_{摄}/3$ 来规定控制点的测定精度要求。面对某项任务，$m_{摄}$ 可预先得到估算，所以控制点的测定精度也能预先设计相对控制，如长度相对控制，也采用类似的方法对其测定的精度提出合理的要求。

五、室内控制场

（一）室内控制场目的

由于近景摄影测量在工程中的应用对点位精度要求高，一般为毫米级，甚至更高，因此为近景摄影测量提供控制的控制场精度还要再高一个等级。近景摄影测量中一般范围较小，采用常规的控制测量方法难以达到其精度要求。因此，在建立近景摄影测量三维高精度控制场时必须采取特殊的方法和手段，才能满足测量精度要求。

室内控制场是室内建立的一种高精度而稳定的三维控制系统，在此系统中，一些控制点的空间坐标需按照一定要求分布，并需精确测定。这类控制网的长、宽、高尺寸一般是数米，最多数十米大小。控制网的空间尺寸、控制点的数量和分布以及控制点本身的形状和大小等一般是依照测量内容和条件而不同，建立这类控制网可以采用全站仪。建立室内控制网的目的归纳起来有三个：

（1）检定摄影机，即确定摄影机的内、外方位元素，光学畸变差等。

（2）实测某些目标，这些目标可以是携带式控制架，或者本身就是需要测定的非规则物体。

（3）用于近景摄影测量精度的研究，研究影响精度的因素，诸如摄影方式、控制点数量、分布和精度、相对控制方式等。

室内布设一定控制点后，为了测定它们的坐标，需要安置两个或者两个以上的全站仪于适当部位，以测量各全站仪测站点间的距离和它们之间的角度关系，从而确定各测站在独立坐标系中的平面坐标，在此基础上进行空间前方交会，便可确定控制点的平面坐标和高程。

（二）三维室内控制场的布设方式

根据用途不同，室内控制场的布设有两种方式：单侧用室内控制场和多侧用室内控制场。

(三)三维室内控制场的一般布设原则

布设三维室内控制场应满足以下原则：

(1)应布设足够数量的三维控制点坐标,增加控制点的数量,可提高未知点物方坐标的解算精度,但数量的增加也应有限度。若过少,多余观测量减少,影响解算精度;若过多,除了增加工作量和计算量,并不能提高精度。

(2)控制点应立体、均匀地分布在摄区内,而且一定加强摄区边沿的控制点布设;控制点的点位不能布设在近似一条直线或近似一个平面上。控制点一般要求均匀分布,并且在三个坐标方向的分布上有足够的延伸。

(3)为摄影留有足够的拍摄活动空间。

(四)一种室内控制系统

在此介绍一种室内三维控制场的设计方法,包括控制点靶标布设方案、控制点材质、机械结构、尺寸、辅助支撑结构等技术参数和指标,并利用基于0.5″全站仪完成三维检校场的高精度平面和高程控制网的构建。该室内控制系统不仅能满足室内控制系统的条件要求,还可以作为室内三维检校场,实现对摄影机的检校(如图3-20所示),其设计流程如下。

图3-20 一种室内控制系统

1.硬件设计及加工

靶标、吊杆固定器、吊杆及稳定器、地面靶标固定器的工艺技术和加工材料选择。

(1)采用吊杆304不锈钢方管,尺寸为50 mm×50 mm×1.0 mm,数量60件。材料特性:具有耐腐蚀,耐热性,低温强度,无磁性,抗拉强度(MPa)520,屈服强度(MPa)205~210,伸长率40%,硬度HRB90。

(2)标志牌,铝板50 mm×50 mm×5 mm,数量410件。

(3)万向节,材料Y15,数量60件,加工工艺:①车床加工;②铣床加工;③装配表面发黑处理。

(4)标志牌固定块,铝块50 mm×50 mm×50 mm,数量85件,加工工艺:普通铣床,加工外形打孔、攻牙、表面阳极处理。

2.检校场硬件设施搭建

1)吊杆固定器、吊杆及靶标的安装

吊杆安装中,首先依据设计方案完成地面施工放样,利用水平仪将地面放样至楼顶,完成吊杆的放样。

2)地面固定器及地面靶标的安装

将靶标固定于地面固定器,再将地面固定器安装于地面,从而完成此部分的安装。

3)墙面靶标的安装

墙面打孔后,直接将靶标固定于墙面,完成此部分的安装。

3.强制归心装置的制作

采用带有强制对中装置的观测墩进行观测时,不需三脚架,直接将全站仪通过螺柱固定于强制归心装置。首先根据设计方案制作混凝土观测墩,将强制归心盘与混凝土观测墩紧密连接一起,对整套装置进行最后的整饰以完成制作。如图 3-21 所示为强制归心装置。

图 3-21 强制归心装置

4.灯光的布设及安装

受检校场位置及灯光的限制,需对场地增加光源。在技术设计方案中,对楼顶的灯光进行了设计并实施。施工完成后,后续外场试验显示,地面靶标灯光不足,影响了地面靶标点的作用,因此在原设计的基础上,在检校场的前方设计并安装了三组探照灯,以增强地面靶标点的灯光效果和优化检校场漫反射环境。

5.控制场的高精度测量

1)坐标系规定

为了测量和数据管理的方便,设定左边测量墩上的钢钉中心为本次测量的坐标原点 O。左侧测量墩和右侧测量墩的连线为 X 轴,指向右侧方向为正方向。垂直于 X 轴指向上面的为 Y 轴,向上为正方向。按照右手坐标系方式,垂直于 XOY 平面,远离标志点方向为 Z 轴的正方向,如图 3-22 所示。

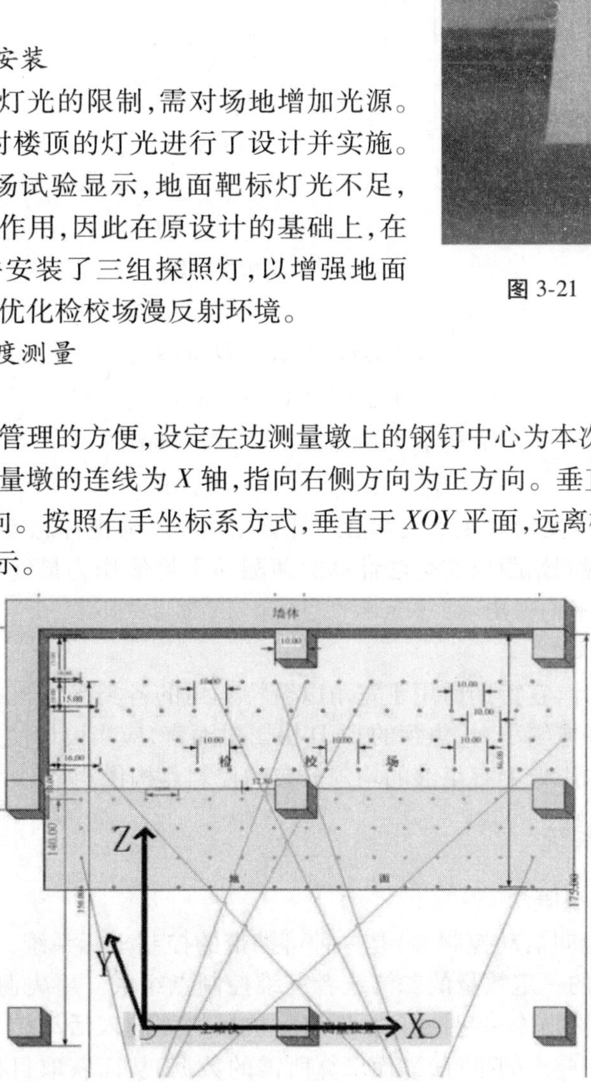

图 3-22 控制场坐标系

2)测量方法

测量采用交会法,如图 3-23 所示:第一步,先把仪器架在基站 A 上,基站 A 的坐标假设(20 050,300 050,4 050)。第二步,在基站 B 上架设棱镜,全站仪对基站 B 进行多次观察,测量出基站 A 和 B 之间的水平距离和垂直距离。得出基站 B 的坐标(20 058.349 7,300 050,4 050.004)。第三步,基站 B 位于后视定向点,用全站仪在基站 A 上对标志点用盘左盘右两个测回进行观察。第四步,在基站 B 上架设仪器,以基站 A 为后视定向点,也用盘左盘右对所有可见的标志点进行观察,满足前方交会方程(3-73)。

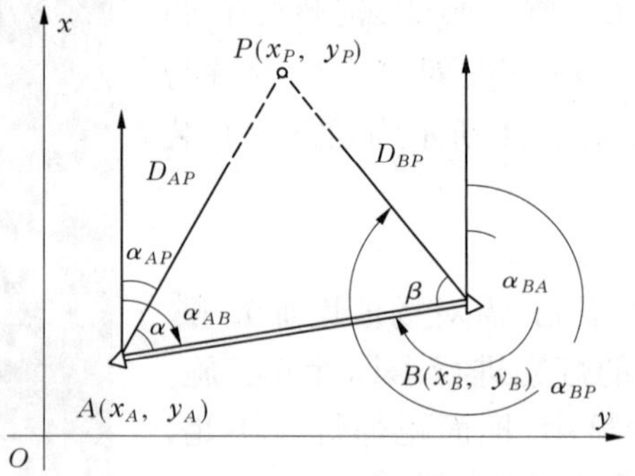

图 3-23 前方交会示意图

同时满足距离交会方程:

$$\left.\begin{aligned} x_P &= x_A + \Delta x_{AP} = x_A + D_{AP}\cos\alpha_{AP} \\ y_P &= y_A + \Delta y_{AP} = y_A + D_{AP}\sin\alpha_{AP} \end{aligned}\right\} \tag{3-80}$$

$$\left.\begin{aligned} x_P &= x_B + \Delta x_{BP} = x_B + D_{BP}\cos\alpha_{BP} \\ y_P &= y_B + \Delta y_{BP} = y_B + D_{BP}\sin\alpha_{BP} \end{aligned}\right\} \tag{3-81}$$

最后根据角度前方交会和距离交会加权计算出两测站通视标志点坐标。而对于两测站不通视的点,采用通视测站距离交会法计算的两测回平均值作为最终坐标值。高程采用两个基站的高程取算术平均得出。

6.该控制场的局限性

按该控制场的设计,它特别适用于宽角以至特宽角的各类摄影机的检校或其他近景摄影测量试验,对于那些像幅小、长焦距的 CCD 摄影机而言,应当设计使用别种控制场或者活动控制系统,以使每张影像上有足够的均匀分布的控制点构像。

六、活动控制系统

(一)活动控制系统概念

活动控制系统(也叫活动控制架)是一种可携带的控制坐标系统,可由均匀分布在某种特定形状金属构架上的一定数量的二维或者三维控制点组成。事先测定这些控制点坐标,将此种控制架连同被摄物体一起拍摄时,即可将被摄物体纳入活动控制架所规定的坐标系中,从而测定目标物相应点的坐标,进而求算所需的数据,从而获取目标物在工程坐标系下的有关数据、图形。

活动控制系统主要用于近景摄影测量的有效控制,它适用于被测目标较小、位数众多且目标处在不同位置,以及现场施测控制较为困难等不宜采用常规测量方法的情况。由于经常需要带到野外施工现场,以及存在移动、搬迁或拆装的问题,活动控制系统的制作应遵循结构稳定、不变形、携带轻便、快速拆装、控制点标志清晰等原则,对于采用活动控制系统的目的,有以下几个方面:

(1)满足快速施工的需要。

实际工程中,有些任务工期紧、任务重,为确保工程按期完成,尤其是诸如硐室、隧道、采石场等的测量工程中,测量现场控制点的三维坐标比较困难,采用活动控制系统不仅可以克服施工给测量工作者带来的干扰 ,还可以提高精度,满足快速施工的需要。

(2)解决研究区域无法布设控制点的问题。

在某些研究目标(如重点保护文物)上,不适宜布设控制点,可以利用活动控制系统上分布的二维或三维标志,作为控制点进行测量。

(3)解决现场无法架设仪器的问题。

受区域大小和地形条件的限制,有些施工现场环境复杂,无法架设仪器,可以采用活动控制系统解决。

(二)活动控制系统的测量方法

活动控制系统建立后,首先的工作就是测量活动控制架上控制点的坐标并检验精度,测量上用全站仪对控制点三维坐标进行观测。目前,常用的方法有前方交会法和免棱镜激光全站仪极坐标法两种,其中前方交会法详见前文,这里介绍极坐标法的测量原理。

1.免棱镜激光全站仪极坐标法测量原理

免棱镜测量也叫无合作目标测量,该测量方法不需要反射棱镜和反射片,而是依靠被测物体自然表面的反射光线来进行测距的一种方法。测量时,全站仪可以产生一束与望远镜同轴的激光,激光在被测物体表面经反射回到望远镜内,全站仪可以自动计算所测距离和被测点的坐标,其过程如下:

如图 3-24 所示,测站坐标系 $O—XYZ$ 中,O 为全站仪的三轴交点,X 轴为平行于两测站 A、B 连线的水平投影,分别在测站上测定 A、B 两点的水平方向 α_A、α_B,天顶距 ν_A、ν_B,以及斜距 S_A、S_B,则 A、B 两点在测站坐标系下的三维坐标计算公式为:

$$\left.\begin{aligned} X_B &= S_B\sin\nu_B\sin(\beta + H) \\ Y_B &= S_B\sin\nu_B\cos(\beta + H) \\ Z_B &= S_B\cos\nu_B \end{aligned}\right\} \tag{3-82}$$

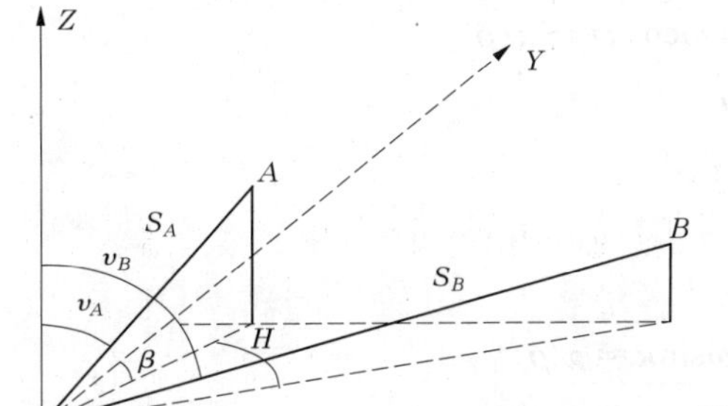

图 3-24 极坐标法示意图

式中,$H=\alpha_B-\alpha_A$,β 为 OA 方向与 Y 轴间的夹角,可通过下式求得:

$$\tan\beta = c\tan H - \frac{S_A \sin\nu_A}{S_B \sin\nu_B \sin H} \tag{3-83}$$

其中,任意坐标为

$$\left.\begin{aligned} x_P &= S_P\sin\nu_P\sin(\beta + H_P) \\ y_P &= S_P\sin\nu_P\cos(\beta + H_P) \\ z_P &= S_P\cos\nu_P \end{aligned}\right\} \tag{3-84}$$

式中,$H_P=\alpha_P-\alpha_A$;S_P 为测站到 P 点的斜距,ν_P 为目标点 P 点的竖盘读数,α_P 为目标点 P 的水平度盘读数。

2.精度分析

极坐标法精度公式为

$$\left.\begin{aligned} m_x^2 &= m_S^2\sin^2\nu\sin^2(\beta + H) + \frac{m_\nu^2}{\rho^2}S^2\cos^2\nu\sin^2(\beta + H) + \frac{m_\alpha^2}{\rho^2}S^2\sin^2\nu\cos^2(\beta + H) \\ m_y^2 &= m_S^2\sin^2\nu\cos^2(\beta + H) + \frac{m_\nu^2}{\rho^2}S^2\cos^2\nu\sin^2(\beta + H) + \frac{m_\alpha^2}{\rho^2}S^2\sin^2\nu\cos^2(\beta + H) \\ m_z^2 &= m_S^2\cos^2\nu + \frac{m_\nu^2}{\rho^2}S^2\sin^2\nu \end{aligned}\right\} \tag{3-85}$$

(三)空间坐标系的转换

若在野外进行拍摄,活动控制架的放置不可能完全恢复在室内进行坐标测量时的状态,这就涉及坐标转换的问题。

假设$[X \quad Y \quad Z]^{\mathrm{T}}$为变换后的坐标,缩放系数 λ 一般取 1,旋转矩阵 $\boldsymbol{R}$ 由坐标系 S'—$X'Y'Z'$在坐标系 S—XYZ 中坐标轴的旋转角(φ,ω,κ)的方向余弦构成,$[X_0 \quad Y_0 \quad Z_0]^{\mathrm{T}}$为坐标平移量,三维坐标变换公式为

$$\begin{bmatrix} X \\ Y \\ Z \end{bmatrix} = \begin{bmatrix} X_0 \\ Y_0 \\ Z_0 \end{bmatrix} + \lambda\boldsymbol{R}\begin{bmatrix} X' \\ Y' \\ Z' \end{bmatrix},\text{其中}:\boldsymbol{R} = \begin{bmatrix} a_1 & a_2 & a_3 \\ b_1 & b_2 & b_3 \\ c_1 & c_2 & c_3 \end{bmatrix} \tag{3-86}$$

式中,各方向余弦值的严格表达式为

$a_1=\cos\varphi\cos\kappa-\sin\varphi\sin\omega\sin\kappa\approx1$

$a_2=-\cos\varphi\sin\kappa-\sin\varphi\sin\omega\cos\kappa\approx-\kappa/\rho$

$a_3=-\sin\varphi\cos\omega\approx-\varphi/\rho$

$b_1=\cos\omega\sin\kappa\approx\kappa/\rho$

$b_2=\cos\omega\cos\kappa\approx1$

$b_3=-\sin\omega\approx-\omega/\rho$

$c_1=\sin\varphi\cos\kappa+\cos\varphi\sin\omega\sin\kappa\approx\varphi/\rho$

$c_2=-\sin\varphi\sin\kappa+\cos\varphi\sin\omega\cos\kappa\approx\omega/\rho$

$c_3=\cos\varphi\cos\omega\approx1$

此坐标变换的操作可按以下步骤进行:

(1)在野外选取一个地面点做测站,并假设该点的坐标值,如(0,0,0),确定磁北方向为

X 轴。

(2)在活动控制架上选择三个控制标志 A、B、C,它们变换前的坐标(室内的已测坐标)为(X'_A,Y'_A,Z'_A)、(X'_B,Y'_B,Z'_B)、(X'_C,Y'_C,Z'_C)。

(3)根据已知点坐标和已知方向,用全站仪测得 A、B、C 变换后的坐标为(X_A,Y_A,Z_A)、(X_B,Y_B,Z_B)、(X_C,Y_C,Z_C)

(4)利用此标志点变换前后的两套坐标,解求式(3-86)中的坐标平移量$[X_0 \quad Y_0 \quad Z_0]^{\mathrm{T}}$和变换角($\varphi,\omega,\kappa$)。

(5)对所有的其他控制点标志,按式(3-86)解算变换后的坐标,即解算在新坐标系 S—XYZ 中的坐标。

经过以上变换得到的以磁北方向为 X 轴的新坐标系也就是野外工程坐标系,就可以根据工程坐标系下的控制点坐标建立模型,进而进行近景像片解析。

(四)一种活动控制系统

活动控制系统的稳定性直接影响着近景摄影测量的精度,本节介绍一种活动控制系统的设计、制作、控制点的坐标量测,包括选材、形状与结构设计、快速拼装设计、控制点标志的选取等内容。

1.选材

本次研究中的控制架用四根 3 m 铝合金水准尺加工而成,选材理由为:①铝合金水准尺手感舒适,结构合理,轻便,携带方便;②铝合金抗震性能好,长途运输不易变形;③铝合金水准尺本身具有量测功能,其上的刻度可以直接作为互动控制架控制点标志;④水准尺分划印制清晰,解决了岩体边坡上难以选择控制点的问题,便于后续的图像处理,而且同根尺上的控制点间距离已知,可直接用来检核所量测的距离精度。

2.形状与结构设计

活动控制架的大小和形状以携带方便和能对目标进行有效控制为原则,为保证有效控制面积,选择矩形作为活动控制架的基本形状。整个活动控制架范围为 3.2 m×3.2 m,仅重 11 kg。

水准尺是中空结构,为了保证整个控制架结构稳定,在尺子两端用一种 16 cm×8 cm×4 cm 聚丙烯塑料(这种材料质轻、硬度大、不易变形)连接,将塑料连接块深入到尺子一端,在尺子外侧用钢制的垫片配合螺丝固定,如图 3-25 所示,再用钢质柱形螺栓,如图 3-26 所示。将尺子两两连接,最后用锥销(如图 3-26 所示)强制固定,以保障整个控制架结构的稳定,连接后的活动控制架如图 3-27 所示。

图 3-25 聚丙烯塑料连接块

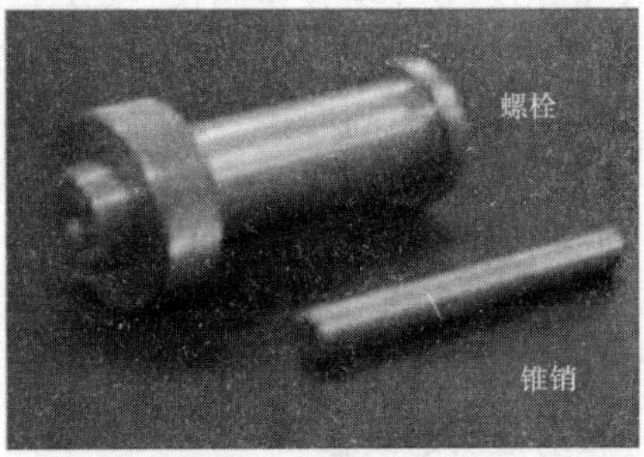

图 3-26 螺栓和锥销

图 3-27　活动控制架

3.快速拼装设计

在测量时,将活动控制架处于自然状态下轻靠在被测物体上,除自身重力外,不施加任何外力和压力。另外,活动控制架的左右两根尺子位于上下两根尺子下方,巧妙地解决了控制点不位于同一平面内的问题。整个系统可以灵活安装。

4.控制点标志的选取

活动控制架采用3 m铝合金水准尺制作而成,水准尺本身具有量测功能,其上提供了大量清晰的刻度标志。考虑到黑白成像更为清晰,本书选取水准尺黑面每个“E”形刻度的拐角作为控制点标志(如图 3-28 所示),每根水准尺上有 30 个这样的刻度标志,这样整个控制架共选取了 120 个控制点。

图 3-28　控制点标志示意图

5.控制点量测

本次采用免棱镜全站仪极坐标法进行控制点量测,测站坐标系是以磁北方向为 X 轴,铅垂方向为 Z 轴建立的空间坐标系,为了避免测量的控制点坐标出现负值,将全站仪三轴交点坐标假设为(100 m,100 m,100 m)。免棱镜全站仪极坐标法测量活动控制架控制点坐标的步骤如下:

(1)在测站点 B 上架设全站仪,点 A 上架设棱镜。

(2)设置测站参数,架设测站 B 点坐标为(100 m,100 m,100 m)。

(3)在棱镜模式下瞄准棱镜定向。

(4)转动望远镜,在免棱镜模式下,瞄准活动控制架上控制点,直接量测目标点坐标,并记录。

七、相对控制

(一)相对控制的概念

在近景摄影测量中,常常有条件布置或选用物方空间存在的相对控制条件,在近景摄影测量的物方空间中，往往存在着一些固定条件，如某些物方空间点位于同一平面，从而构成平面条件，而另一些点则在同一平面上构成直角条件，类似的条件还有空间两直线垂直条件、空间两直线平行、空间直线、距离条件、曲面条件等。若对这些现存的条件在平差计算中加以考虑，无疑会提高平差计算的精度以及计算结果与现实的一致性，有时也可以减少外业控制点的数量，从而提高工作效率。同样，布置在物方空间的这类控制还可以是某个已知距离（包括两物点间、物点与摄站点间等）、位于某平面内的一些点、位于某直线上的一些点、某已知角度、位于某种集合图形上的点等。例如，当把一根水准尺放平在被摄物体旁边时，这就引进了距离的相对控制，又如，当确定某些点的高程值相等时，这时就引入了高程相对控制，虽然它们的绝对高程不一定知道。

在近景摄影测量中，将处理未知点之间这种已知的几何关系过程称为相对控制。相对控制往往作为一种辅助控制方式，以加强摄影测量模型的强度，但在越来越多的测量问题中，物方目标的绝对定位无关紧要，重要的是其相对位置或变化量，这时可采用相对控制方式而完全不依赖于任何控制点，即完成像对的相对定向并求出测点间的相对高程。

根据相对控制所建立的误差方程式，按相对控制所具有的精度，给误差方程式以一定的权并进行平差计算，就可加强所建物方模型的内部强度。

（二）相对控制的条件方程

1.平面条件

若由光束法平差计算得到的物方空间点坐标为(X_i, Y_i, Z_i)，以及相应的协因数阵为$\boldsymbol{Q}$，则空间点的平面坐标条件为

$$a_1 x_i + a_2 y_i + a_3 z_i + a_4 = 0$$

整理可得条件式：

$$a_1^Q v_{xi} + a_2^Q v_{yi} + a_3^Q v_{zi} + x_i \delta a_1 + y_i \delta a_2 + z_i \delta a_3 + \delta a_4 + \omega_i = 0 \tag{3-87}$$

其中：$\omega_i = a_1^0 x_i + a_2^0 y_i + a_3^0 z_i + a_4^0$。

2.平面上的直角条件

设i、j、k为同一平面上的三点并构成一个直角，则存在如下条件：

$$\bar{a}_{ik} - \bar{a}_{ij} = 90°$$

式中 $\bar{a}_{ik}$、$\bar{a}_{ij}$——ik、ij方向上的方位角平差值。

整理后可得条件方程式：

$$a_{ik} v_{xk} + b_{ik} v_{yk} - (a_{ik} - a_{ij}) v_{xi} - (b_{ik} - b_{ij}) v_{yj} - a_{ij} v_{xj} - b_{ij} v_{yj} + \omega_i = 0 \tag{3-88}$$

式中，$\omega_i = \mathrm{arccot}\dfrac{y_k - y_i}{x_k - x_i} - \mathrm{arccot}\dfrac{y_j - y_i}{x_j - x_i} - 90°$。

3.空间两直线垂直的条件

设空间直线 12、23 互相垂直，则有垂直条件：

$$\Delta x_{12} \Delta x_{23} + \Delta y_{12} \Delta y_{23} + \Delta z_{12} \Delta z_{23} = 0$$

整理后可得条件方程为

$$\begin{aligned} -\Delta x_{23} v_{x1} + (\Delta x_{23} - \Delta x_{12}) v_{x2} + \Delta x_{12} v_{x3} - \Delta y_{23} v_{y1} + (\Delta y_{23} - \Delta y_{12}) v_{y2} + \\ \Delta y_{12} v_{y3} - \Delta z_{23} v_{z1} + (\Delta z_{23} - \Delta z_{12}) v_{z2} + \Delta z_{12} v_{23} + \omega = 0 \end{aligned} \tag{3-89}$$

式中，$\omega = \Delta x_{12}^0 \Delta x_{23}^0 + \Delta y_{12}^0 \Delta y_{23}^0 + \Delta z_{12}^0 + \Delta z_{23}^0$。

4.空间两直线平行的条件

设空间直线 12、23 互相平行,则有平行条件:

$$\left.\begin{array}{l}\Delta x_{12}\Delta y_{23}=\Delta x_{23}\Delta y_{12}\\ \Delta x_{12}\Delta z_{23}=\Delta x_{23}\Delta z_{12}\end{array}\right\}$$

整理后可得条件方程:

$$\left.\begin{array}{l}-\Delta y_{23}v_{x1}+\Delta y_{13}v_{x2}-\Delta y_{12}v_{x3}+\Delta x_{23}v_{y1}-\Delta x_{13}v_{y2}+\Delta x_{12}v_{y3}+\omega_1=0\\ -\Delta z_{23}v_{x1}+\Delta z_{13}v_{x2}-\Delta z_{12}v_{x3}+\Delta x_{23}v_{z1}-\Delta x_{13}v_{z2}+\Delta x_{12}v_{z3}+\omega_2=0\end{array}\right\}\tag{3-90}$$

式中,$\begin{cases}\omega_1=\Delta x_{12}^0\Delta y_{23}^0-\Delta x_{23}^0\Delta y_{12}^0\\ \omega_2=\Delta x_{12}^0\Delta z_{23}^0-\Delta x_{23}^0\Delta z_{12}^0\end{cases}$。

5.空间直线条件

点 i 与任意直线上的点 1、2 共线,则其直线方程为

$$\frac{x_i-x_1}{x_2-x_1}=\frac{y_i-y_1}{y_2-y_1}=\frac{z_i-z_1}{z_2-z_1}\tag{3-91}$$

式(3-91)可写为

$$\left.\begin{array}{l}(x_i-x_1)(y_2-y_1)-(y_i-y_1)(x_2-x_1)=0\\ (x_i-x_1)(z_2-z_1)-(z_i-z_1)(x_2-x_1)=0\end{array}\right\}\tag{3-92}$$

线性化之后可得

$$\underset{2\times9}{A}\ \underset{9\times1}{X}+\underset{2\times1}{L}=0\tag{3-93}$$

此处共有两个方程式,1、2 和 i 三个点的三维坐标,因此 X 中含有九个未知数。在实际工程中常常会遇到铅垂线和水平线,它们只是任意直线的特例。

6.空间距离条件

距离作为相对控制是最常用的一种方式,距离可以是两物点间的距离,也可以是其他点之间的距离。用某种方式测得该距离后,就可以引用作为相对控制予以使用。对于距离条件,可以视其精度把它作为约束条件,也可以把它视为观测值,其他条件也是如此。

如果量出两个物点 i 和 j 间的距离 S_{ij},并作为观测值,则可形成条件方程式:

$$S_{ij}^2=(x_i-x_j)^2+(y_i-y_j)^2+(z_i-z_j)^2$$

其相应的误差方程式为

$$\underset{1\times1}{V_S}=\underset{1\times6}{A_S}\underset{6\times1}{X}+\underset{1\times1}{L_S}\tag{3-94}$$

式中的未知数阵列 X 点包含两个物点 i 和 j 的待定坐标改正值 δX、δY、δZ 等共六项。

7.空间角度条件

假设边 L_{12} 和 L_{13} 的夹角为 θ,根据余弦定律可列出以下条件方程:

$$L_{23}^2-L_{12}^2-L_{13}^2+2L_{12}L_{13}\cos\theta=0$$

$$\left.\begin{array}{l}L_{12}^2=(x_1-x_2)^2+(y_1-y_2)^2+(z_1-z_2)^2\\ L_{13}^2=(x_1-x_3)^2+(y_1-y_3)^2+(z_1-z_3)^2\\ L_{23}^2=(x_2-x_3)^2+(y_2-y_3)^2+(z_2-z_3)^2\end{array}\right\}\tag{3-95}$$

将式(3-95)线性化,把 θ 角看作观测值,则有误差方程式:

$$\underset{1\times1}{V_\theta}=\underset{1\times9}{A_\theta}\underset{9\times1}{X}+\underset{1\times1}{L_\theta}\tag{3-96}$$

假如这个角又位于一个铅垂面或水平面内，那么除可以引进角度相对控制方程外，还可附加竖直平面相对控制方程式或水平面相对控制方程式。

对于数字近景摄影测量中物方空间存在的直线条件、角度条件、平行条件、距离条件、曲面条件等都可以按类似的方法进行平差，以提高物方空间点的精度以及成果与现实的一致性。约束条件可以利用物方空间现成存在的，也可以人为加入，关键在于使用方便。在微观近景摄影测量中，还可以利用工业标准件、块规等。对于约束条件，要合理利用和合理取权，合理利用是指要善于发现和善于利用现成的物方空间条件，合理取权是指正确估计控制条件的精度。另外，可以实现制作带约束条件的活动控制架并安置在摄影背景中，在活动控制架上可以用标志设置标准距离、标准直线、标准平行线、标准直角、标准平面等，以便在计算式中加入这些约束条件，达到提高精度的目的。

第四章　基于近景摄影测量的三维重建技术

第一节　利用近景摄影测量影像进行三维重建

一、三维重建的任务和方法

三维建模作为计算机视觉领域重要的研究方向，它的成果也是人类目视的主要对象。一般来说，基于图像的三维模型重建实质上就是从单张或多张像片上获取空间点的三维坐标的过程。从计算机视觉的角度讲，就是以摄影几何为基础，基于一个空间点投影到影像上对应的像点，且是一个物点唯一对应一个像点，从不同拍摄点对目标物拍摄多幅影像，并从中获取场景的结构，构建模型的步骤有相机的定标与定向、特征匹配和模型建立。其中，包括一些重要的子问题：空间特征点的提取；同名点与同名核线的匹配；模型空间几何元素以及拓扑结构的重建。

从宏观层面，三维模型的重建方法主要有两种类别，一个是基于欧氏几何意义，另一个是基于矩估计。有学者根据不同的初始模型，总结了四种重建方法：①用离散点表示的重建模型：获取相匹配的特征点后，结合像点坐标和相机的内外参数与空间交会，从而获取离散点的空间坐标；②用直线表示的模型重建：利用基于多像或者单像的直线灭点法进行相机标定，恢复摄影瞬间的摄像机方位，由于建筑物的直线信息丰富，因此该方法常用于房产测量和获取建筑物立面纹理；③用平面表示初始模型：对线特征进行分组，利用面的结合并与相交操作弥补丢失的线特征，该方法能够利用建筑物场景中的几何结构作为约束条件，解求相机焦距，计算平面位置和法向，再利用平面关系递归求解；④参数几何模型，实质是点线面混合的带有空间约束的表达模型，利用人机交互确定物方和像方的对应边从而计算未知参数，然后利用相应纹理映射技术将从像片中提取出的纹理映射在几何模型的表面。

学者们对建筑物的三维建模方法已进行了大量的研究，他们从不同的领域、不同的角度出发，分别给出了针对不同对象模型的建模方法，包括计算机视觉、三维激光扫描、摄影测量等领域，下面对不同方法进行简单介绍。

（一）人机交互式建模

对于几何形状相对规则的建筑，常规使用免棱镜电子全站仪对建筑物构建的三维特征点进行散点式数据采集。再在外业实测数据的基础上，使用三维模型软件进行建模，如 AutoCAD、3ds Max、Google Sketchup、3D Survey 等，能够逼真地表示城市整个建筑群的精细结构和材质特征，做到精细建模。利用该方法建模应用时间较长，技术路线较为成熟，能够逼真再现对象的几何结构和表面纹理信息，适合用于对建模效果和细节要求较高的对象，但对于大规模场景的模型构建，工作量巨大，费事费力，对计算机软硬件的要求也很高。

（二）基于三维激光点云的建模

对于不规则物体，全站仪显得无能为力，三维激光扫描技术克服了传统数据采集方式的不足，能够实现模型自动化重建，目前基于激光点云的建模一般流程可概括为点云的获取、数据预处理、点云的处理与建模三个阶段。该方法提高了数据采集的精度和效率，获得的点云数据信息量大，包含三维空间信息、颜色属性和反射强度信息，通过一定的算法对点云数据进行处理即可快速构建被测物体的三维模型，该方法自动化程度高，构建的数字模型不仅精度较高，还带有丰富的细节信息，但三维激光扫描的过程中容易产生漏洞，且庞大的点云和数据处理技术也制约了该技术的进一步发展和广泛应用。

（三）基于摄影测量的建模

目前，常用的基于摄影测量技术的建模主要指基于低空飞行器航摄像片的三维建模和基于近景摄影测量的三维建模。其中的无人飞行器主要指无人机、无人飞艇等。该方法具有价格低廉、影像分辨率高，以及操作简单的优点，但是飞行器质量小，抗风能力小，飞机姿态无法保持稳定，所建模型精度不尽如人意，在后期纹理映射阶段，需要大量的人工干预，此外，该方法具有局限性，仅适用于城市场景三维模型的构建，不能用于工业物体以及古文物三维模型重建领域。而近景摄影测量可以很好地弥补该缺点，同时该方法克服了影像上地物的自动识别与提取不足等问题，精细度较高，数据获取快速方便，成本低廉。

二、基于近景摄影测量影像的三维重建原理

近景摄影测量作为摄影测量的一个重要分支，主要研究近景物体的三维构建、地形测量等，其中三维模型作为对象表达的一种新的数据媒介，能够实现对现实世界中对象的逼真重建和模型再现，近景摄影测量作为该手段之一，在城市建筑物三维重建、古文物三维重建、工业物体三维重建以及变形监测等领域中有重要而广泛的应用。

基于二维图像的三维重建是一个很复杂的数学运算过程，张剑清教授从摄影测量的基本原理出发，提出了由两幅二维影像所构成的“单基线”立体像对重建三维空间是一个“病态”问题，如图 4-1(a)所示，由目标点 a 进行影像匹配可能获得多解 A_1、A_2、A_3，若采用多基线影像进行匹配，正确的光线只能交于同一点，就能较好地得到匹配点 A，如图 4-1(b)所示。

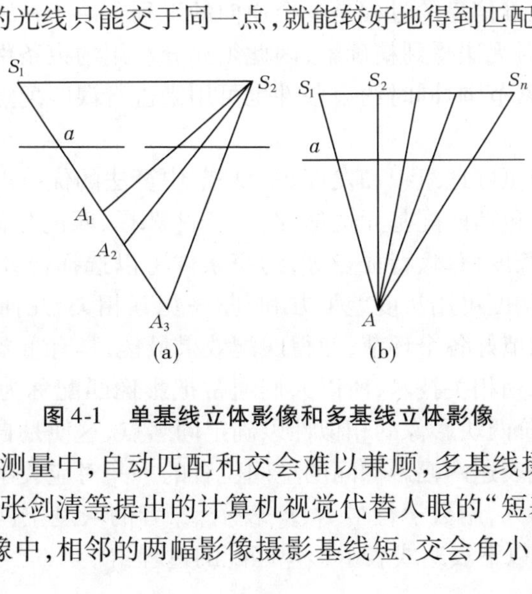

图 4-1 单基线立体影像和多基线立体影像

在传统单基线摄影测量中，自动匹配和交会难以兼顾，多基线摄影测量是一种“多目”视觉方法，根据张祖勋、张剑清等提出的计算机视觉代替人眼的“短基线、多影像摄影测量”原理，在短基线序列影像中，相邻的两幅影像摄影基线短、交会角小，可用于自动匹配，而首

尾的影像摄影基线长、交会角大,并且有多个观测值,交会时可以提高精度,用此种方法获得的序列影像既有利于影像的自动匹配,也可以提高交会精度,克服了单基线的缺陷。其解算方法仍采用近景摄影测量的解析处理方法(参见第三章第二节),以相对定向-绝对定向法为例,模型建立的步骤如下:相对定向—核线重采样—绝对定向,大致过程为:首先按要求拍摄大量具有较短基线和不同交会角的序列影像,然后通过少量物方控制点的空间坐标及其对应的像点坐标建立空间关系,从而解算出相机参数和影像外方位元素,再由匹配算法进行同名点的匹配,进而求出特征点三维坐标,再进行坐标重心化处理,为保证空间点的相对位置关系,常加以约束条件,如点的共线、共面、两边夹角、两面垂直以及轴线间互相平行等关系,然后进行点云重建,最后进行点云格网化和纹理映射。

三、影像匹配和三角网构建

(一)影像匹配

影像匹配技术就是找到两幅不同影像之间的空间位置关系,实现同一目标的两幅或两幅以上影像在空间位置上的配准。各类影像匹配算法包含的主要技术有四种,它们分别是匹配基元选取、相似性测度评价、约束条件和匹配策略。

1. 匹配基元选取

基于特征、基于区域和基于相位等匹配方法中所提及的特征、区域、相位等就是匹配的基元。使用哪一种匹配基元进行匹配是区分匹配算法的一个重要标准,其选取的好坏将直接对匹配算法的优劣产生影响。

2. 相似性测度评价

影像匹配过程中,如何判定匹配基元是否匹配是至关重要的问题,需要通过相似性测度判断匹配基元的相似性程度。目前常用的匹配相似度测度主要包括基于图像灰度的相关性测度模型,基于几何距离、梯度算子的匹配相似性测度模型,基于影像色彩相似度的测度模型,以及在此基础上的综合测度模型。

3. 约束条件

从二维影像恢复三维信息的过程是一个逆向的工程。由于在影像投影过程中损失了大量信息,使得三维重建时无法得到精确解,因此须充分利用约束条件来限制三维恢复时求解空间的大小,即匹配搜索范围,同时约束条件也可用来进行误匹配点对的剔除。

4. 匹配策略

匹配策略研究如何更好地组织和发挥每个环节中算法的优点以达到整体最佳的匹配效果。影像匹配算法主要包括匹配基元选择、约束条件选择、匹配相似性测度构建三个部分,匹配基元可选择边界、灰度窗口、特征点等,约束条件可以选择连续性约束、核线约束、唯一性约束等,匹配相似性测度可用灰度差平方和、归一化互相关、几何距离测度等。如何在整个匹配算法中合理地调节好各个环节,使得匹配效果最佳,具有重要意义。

最初的影像匹配采用相关技术,所以人们通常把影像匹配称为影像相关。影像相关是利用相互相关函数,评价两块影像的相似性以确定同名点,这便是自动化立体量测的基本原理。影像匹配的核心是表达两幅影像间的空间位置的一一对应关系。例如把两幅影像分别看作大小可知的二维阵列,用数学符号 I_1、I_2 表示,二者的灰度空间分布分别用 $I_1(x,y)$ 和 $I_2(x,y)$ 表示,就能够用以下表达式表示影像匹配的过程:

$$I_2(x,y) = f\{I_1[g(x,y)]\} \tag{4-1}$$

其中，$f(\quad)$为一维灰度的变换函数，$g(\quad)$为二维空间的一个坐标变换，即

$$(x',y') = g(x,y)$$

因此，影像匹配问题就转变为如何进行灰度变换和查询最优空间的问题，使得即使有影像噪声的影响也能正确完成影像的匹配，通常用两个单值函数 f_x 和 f_y 去表示几何变换：

$$I_2(x,y) = I_1[f_x(x,y), f_y(x,y)] \tag{4-2}$$

若将几何变换用独立的函数来表示，那么二维空间变换可以用两个一维变换函数表达如下：

$$f_x(x,y) = f_x(x)\, f_y(y) \tag{4-3}$$

则可以节省存储空间，并且可以提高计算效率。

（二）多基线影像匹配

因为近景拍摄的影像透视变形比较大，一般的单基线立体匹配已不能满足匹配的精确性和可靠性。依据计算机视觉多目视觉原理，采用短基线、多摄站的摄影方式，采用多基线影像匹配技术能够很好地解决这个问题。由于短基线多摄站方式拍摄得到的相邻像片之间基线较短，相对较小的影像变形有利于自动化匹配的顺利进行；又由于非相邻像片之间较大的重叠度，相邻像片的同名点进行匹配传递的方式可获取具有多度重叠的同名点。通过这种匹配方式得到的同名点将具有大量多余观测，这就大大地提高了模型点坐标计算的精度。具体的匹配方法如下。

1. 确定被匹配点

在序列影像中任选一张影像作为基准匹配影像，在画出的匹配区域内按一定采样间隔确定被匹配点，然后按行或列进行逐点匹配。

2. 确定核线模型参数

根据共面条件方程示意图 4-2，要利用左片上已知点 P，求得右片同名核线上任意一个像点 P'，可将整个坐标系绕右片的摄站中心旋转至坐标系统中 $u'v'w'$ 中，有

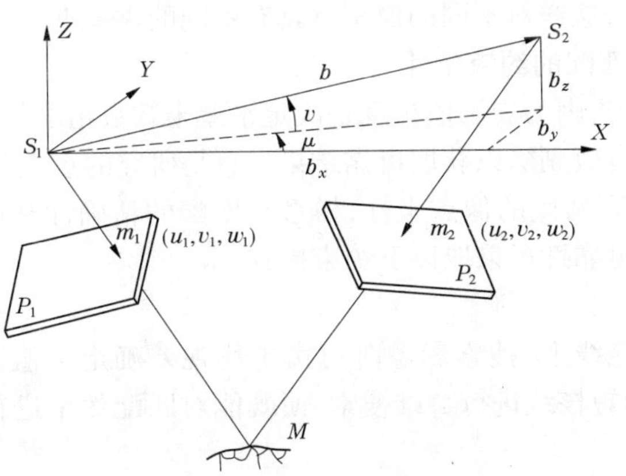

图 4-2 共面条件方程示意图

$$\begin{vmatrix} -u'_S & -v'_S & -w'_S \\ u'_P & v'_P & w'_P \\ u' & v' & w' \end{vmatrix} = 0 \tag{4-4}$$

则有

$$v' = (A'/B')u' + (C'/B')f \tag{4-5}$$

式中 $A' = v'_P w'_S + w'_P v'_S$

$B' = u'_P w'_S + w'_P v'_S$

$C' = u'_S v'_P - u'_P v'_S$

$| u'_P \quad v'_P \quad w'_P | = | u_P \quad v_P \quad w_P | \boldsymbol{M}_{21}$；

$| u'_S \quad v'_S \quad w'_S | = | b_x \quad b_y \quad b_z | \boldsymbol{M}_{21}$。

其中，$\boldsymbol{M}_{21}$是旋转矩阵。

得到较为精确的核线方程后，由式(4-5)在其相邻影像上计算被匹配点的匹配概略点(x_0, y_0)，后沿x方向在概略匹配点前后确定核线的X的最小值x_1和最大值x_2以及Y的最小值y_1和最大值y_2，由(x_1, y_1)、(x_2, y_2)从而进行约束匹配搜索直线$l(y = ax + b)$的确定。

3. 确定模型点的空间坐标

沿核线上下的像元进行二维匹配的搜索，匹配出一对同名点以后，再利用空间前交法计算出模型点在摄影测量的空间辅助坐标系中空间坐标。

4. 确定序列影像匹配点初始位置

经单模型拼接，可将各模型外方位元素归化到空间辅助坐标系，即可利用其余各影像的外方位元素和共线方程式来进行各影像上同名匹配点的初始位置计算。

5. 匹配同名点

各影像上匹配点初始位置确定之后，利用最小二乘和相关系数的匹配方法，以及空间点位约束来进行同名点的匹配和错误匹配点的剔除。由于同名点不断通过相邻影像进行传递，直到无法匹配为止，这样对不同的模型点具有不同的重叠度。

(三)多基线影像匹配的约束条件

对于任何平差系统，因为观测值精度是决定平差未知数精度的主要决定因素，因此怎样对观测值的粗差进行有效剔除以获取可靠结果一直是研究的重点与难点问题。要为后续的光束法平差计算提供高精度的像点坐标，模型点匹配的精确性和可靠性就显得甚为重要。提高匹配的精确性和可靠性可采取以下约束措施。

1. 核线约束

同名像点在同名核线上，搜索影像时可由平均视差确定x值，则能由核线约束计算y值，然后通过沿该点的短核线进行二维搜索，便既能对匹配效率进行提高，又能增加其可靠性。

2. 顺序约束

进行按行匹配的时候，前一个正确匹配点的x值应大于每行后一匹配点的x值，以保持物体在左右影像点的投影顺序的一致性。

3. 视差有限

依照视差连续变化的规律，根据前一正确匹配点对当前匹配点在x方向的初始位置进行推算后确定匹配范围,此范围与初始位置之间需具有一定视差限制,若匹配点超出此限值,则看作是错误的匹配点。

4. 较高相关系数的设置

因为相关系数值和相关系数匹配方法、最小二乘匹配的匹配可靠度之间都有相关性,所以相关系数值越大,匹配的可靠程度也越高。因此,可由设置较高相关系数的阈值来达到提高同名像点匹配传递准确性的目的。

5. 最小二乘匹配进行二次匹配

在利用相关系数进行匹配的时候,目标搜索区以内的各点与参考点的相关系数都需小于预设阈值,所以把目标搜索区内最大相关系数的点位选择作为最小二乘匹配的初始值,再利用最小二乘匹配法得到精确的目标点位。而且最小二乘匹配的方法还可以对窗口影像的变形问题进行进一步的消除。

6. 空间点位的立体约束

上面的五个条件均是从搜索区域方面和目标灰度方面对像点的匹配来进行的约束,目前一般的单像对影像同名点匹配就是采用这样的匹配约束法,而多基线影像匹配还可以从模型点空间点位来进行匹配点的筛选进行匹配粗差剔除。

(四)三角网构建

目前,最主要的三种散乱点云数据的三维重建方法如下:

(1)依据构造点到物体模型表面的有向距离场来进行三维表面重建,该距离场的零等值面就是模型表面的重建曲面。但是此算法涉及等值面抽取,由于等值面抽取过程较为复杂,三维重建相当耗时,而且该法获得的重建表面需要经过优化处理之后才可使用。

(2)用参数曲面或曲面进行数据点集的逼近或拟合。Foley 曾阐述了由散乱点重新构建参数曲面和隐函数曲面的相关算法;Kazhdan 曾提出一个方法,该方法对复杂模型的重建有较好的结果,但该方法重建后的三角网表面存在较多狭长三角形,不符合 Delaunay 三角形的特性,另外该方法是一种近似曲面的重建方法,它对细节的平滑比较严重,故得到的重建表面模型顶点的信息已经不再是原始数据点的信息。

(3)基于 Delaunay。基于 Delaunay 三角剖分对散乱点集的曲面重建得到了一定的研究成果。然而,因三维数据采集方式的多样性和实际物体几何形状的复杂性,此方法仅限于密集采样样本集并有重建耗时和重建后需对表面模型进行优化处理的缺点。

四、纹理映射

从纹理映射的实质来讲,纹理映射的过程就是将纹理信息从二维纹理平面映射到三维模型表面的过程。二维纹理既可用数学函数表达亦可用各种数字化图像来离散定义,通常情况下它是定义在每一点都有颜色或灰度值的一个纹理空间。在绘制图形的时候,利用纹理映射能够简单便捷地确定三维模型表面的任一可见点 P 在纹理空间中的对应位置 (u,v),而在 (u,v) 位置定义的纹理值则是模型表面 P 点处纹理属性的一个描述,如图 4-3 所示。

纹理是附着在网格模型表面的颜色信息,当网格模型以网格表示时,纹理就是对应于每个网格顶点的颜色的集合,故纹理映射的过程就是指将纹理空间中的纹理像素映射到屏幕空间中的像素的过程。纹理映射可通过下面两步来实现:

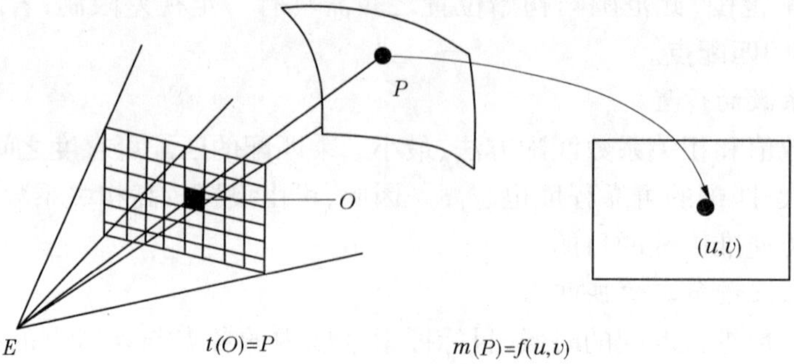

图 4-3　纹理映射过程示意图

(1)第一步是对纹理属性的确定,即确定需要定义成纹理形式的模型表面参数。

(2)第二步是建立从纹理空间到景物空间再从景物空间到屏幕空间的一个映射关系。

在三维建模过程中,常用的纹理映射方法有三种:人工手动纹理贴图、借助专门的硬件设备处理、半自动和全自动的纹理映射方法。下面介绍半自动和全自动的纹理映射方法:此方法的基本思想是采用透视投影模型,如图 4-4 所示,通过坐标变换自动或半自动的在网格模型和彩色图像之间建立纹理映射关系。

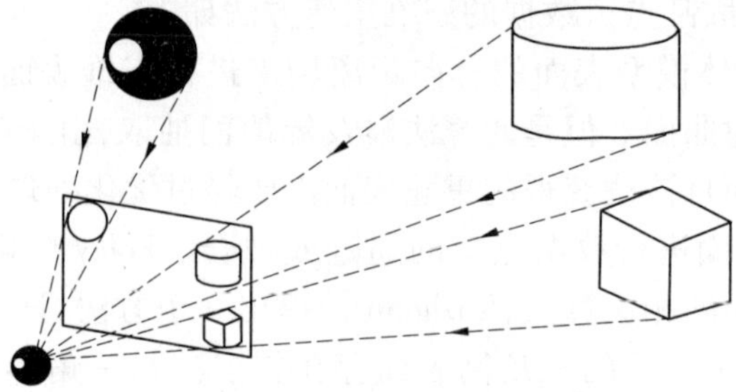

图 4-4　透视投影模型原理图

当物体经过离散采样之后在世界坐标系中的表示就是物体的网格模型,依照透视投影模型的原理,先将其坐标转换到摄像机坐标系,再把它透视投影变换到平面图像坐标系,最终在屏幕上生成物体的二维彩色图像。实质上,它解决的就是网格模型跟彩色图像之间的一个配准问题。先找到一些特征点,然后手动建立起图像与网格模型之间的对应关系,最后利用透视投影模型来进行图像和网格模型的配准,这样就解决了图像与模型间的纹理映射问题,算法过程如下:

(1)透视投影矩阵的计算:假设物体网格模型表面一点 P 世界坐标为(x,y,z),它在一幅彩色图像上对应的点坐标为(u,v),那么(x,y,z)与(u,v)就是一组特征对应,用齐次坐标和矩阵形式来表示它们之间的关系式如下:

$$\begin{bmatrix} u \\ v \\ l \end{bmatrix} = \begin{bmatrix} x \\ y \\ z \\ l \end{bmatrix} \tag{4-6}$$

给定 M 幅图像,N 个对应点$(i=1,2,\cdots,M;j=1,2,\cdots,N)$,求 M 个投影矩阵 $\boldsymbol{P}_{1P},\cdots,$

$\boldsymbol{P}_{MP}$和空间点 $X_1, X_2, \cdots, X_N$，使得下列关系式成立：

$$m_{ij} \approx \boldsymbol{P}_{iP}X_i = (\boldsymbol{P}_{iP}A)(\boldsymbol{A}^{-1}X_j) \quad (i = 1,2,\cdots,M;j = 1,2,\cdots,N)$$

其中，$\boldsymbol{M}$ 是透视投影矩阵，手工标记多组特征对应特征点求解 M。

(2)通过网格模型上每一个网格点的纹理值求出 M 后，再遍历网格模型上其他点，对每一点由式(4-6)求出该点在二维图像上对应的坐标点，然后获取对应的坐标点的 *RGB* 值，将其值赋予网格模型上对应的点作为网格点的纹理值。

对于纹理映射后的模型，利用虚拟现实技术(virtual reality, VR)进行三维模型的人机交互浏览。虚拟现实技术是指通过计算机对复杂数据进行可视化操作与交互，辅助生成一个三维虚拟空间的虚拟环境，是一种对真实场景的三维虚拟展示，用户借助必要的设备以自然的方式与虚拟世界中的物体进行交互，相互影响，从而产生亲临真实环境的感受和体验。常见的虚拟现实技术平台有中视典的 VRP、专业的游戏引擎 Unity3D，以及三维 GIS 用得较多的 Skyline 软件等。

第二节　地面激光雷达与近景摄影测量相结合的三维重建

目前，地面激光雷达与近景摄影测量都是三维重建的主要手段，由于数据源、数据获取方式、数据类型、数据处理方法和产品不尽相同，单一技术的三维重建产品难以满足目前复杂场景及精细对象的三维重建要求，而两种技术的优点恰恰能够弥补两种技术的不足，这为精细三维重建提供了技术手段。两种数据集成的主要内容包括：

(1)集成的几何数据具有更加全面精细的几何信息，弥补了激光雷达点云数据数据漏洞或精度不高的问题。

(2)集成的纹理数据使三维模型具有高分辨率的纹理模型，能够满足激光雷达点云高分辨率纹理数据的需求。

(3)两种数据的融合建立了精细的三维仿真模型，为高精度重建、修复及现状存档进行了最好的数据记录。

(4)把两种技术进行多方位的集成，两种数据进行无缝的融合，既能满足目前复杂场景、精细对象的三维重建，又能满足数字城市、文化遗产数字化等方面的需求，另种技术的集成具有非常重要的意义。

一、地面激光雷达扫描系统

(一)地面激光雷达扫描系统原理

雷达(radio detection and ranging, Radar)是通过发射无线电信号遇到物体后返回接收信号，对物体进行探查与测距，其中激光雷达扫描测量(light detection and ranging, LiDAR)也是雷达的一种，只是信号源为激光，所以一般都将 LiDAR 称为激光雷达。激光雷达扫描测量技术是近年来发展起来的一项高新技术，可以全天候、快速、直接、高精度地采集测量目标的三维信息。

激光扫描测量分为测距和测角两部分：利用激光探测回波技术获取激光往返的时间差或相位差，从而得到扫描仪中心到被扫描物点的距离 S；利用精密时钟控制编码器，同步测量每个激光信号发射瞬间仪器的横向扫描角度 α 和纵向扫描角度 θ，应用上述的距离值和两个角度值可以计算出激光点的三维信息，点位的计算如图 4-5 所示，在一般情况下，激光扫描仪的坐标系是以扫描仪中心为原点的右手坐标系，且使用自定义的坐标系统，X 轴在纵向扫描面内，Y 轴在横向扫描面内，与 X 轴垂直，Z 轴与横向扫描面垂直，如图 4-5 所示。

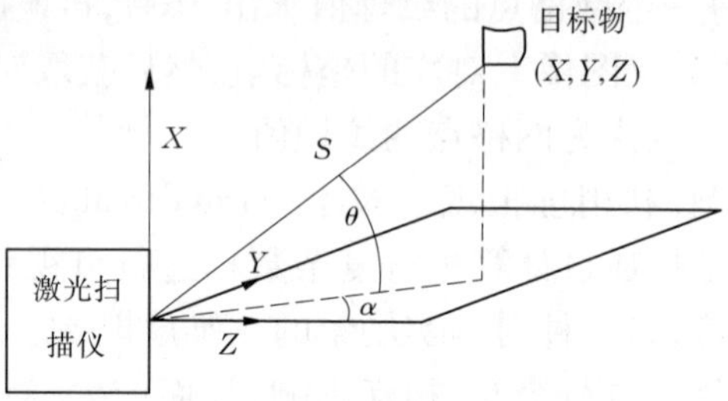

图 4-5　激光测量原理示意图

由此可得到所测目标点的点位坐标计算公式如下：

$$\left.\begin{aligned} X &= S\cos\theta\cos\alpha \\ Y &= S\cos\theta\sin\alpha \\ Z &= S\sin\theta \end{aligned}\right\} \tag{4-7}$$

激光扫描测量点位的关键是获取扫描中心点到扫描目标的距离，其距离测量的精度决定了激光扫描点定位精度。

（二）地面三维激光扫描系统分类

（1）依据扫描的空间位置或者仪器类型来分，三维激光扫描系统可分为机载型、车载型、站式和手持型激光扫描系统，如表 4-1 所示。

表 4-1　三维激光扫描系统主要仪器类型

划分指标	仪器类型			
承载平台	机载	车载	站式	手持
扫描距离	远程（>300 m）	中程（100～300 m）	短程（10～100 m）	超短程（<10 m）
扫描视场	矩形	环形		穹形
扫描方式	振镜		转镜	
测距原理	飞行时间差	相位差		三角测量

（2）按应用范围划分：

①测量型激光扫描仪。测量精度为毫米级，主要应用于测量地形以及构筑物。

②计量型激光扫描仪。测量精度优于毫米级，主要用于测量精密部件、工业产品等，也较多应用于逆向工程。

（3）按照扫描系统成像方式划分：

①摄影式扫描系统。这种类型的扫描系统类似于摄影测量的相机，扫描视场有限。代表仪器有 Optech 公司的 ILRIS_3D、Leica 公司的 HDS3000 等，它们适用于室外物体的扫描，对于长距离的扫描具有明显优势。

②全景式扫描系统。此类型的扫描仪适用于室内扫描，如数据化房屋、设备扫描等。代表仪器有 Imager5003A 扫描系统。

(4)按照测程划分:

①短距离激光扫描仪。最长测量距离为几米。

②中距离激光扫描仪。测量距离小于 100 m。

③长距离激光扫描仪。测量距离大于 100 m。

(5)按扫描系统测距原理划分:

①脉冲测距原理(TOF)。又称为时间飞行测距原理,是一种高速激光测时测距技术。TOF 的测距系统测量距离范围可以达几百米,甚至上千米,但其相对测量精度较低。

②相位测距原理(phase difference)。利用激光光线的连续波发射,根据光线干涉原理来确定干涉相位的测量方法。适用于中程距离测量,扫描范围一般限制在 100 m 内,测量精度可以达到毫米级。

③激光雷达或光学三角测距原理(laser radar,optical triangulation)。这种原理是利用立体相机和结构化光源,通过获得两条光信息,建立立体投影关系。适用于短距离测量,测量范围在几米到数十米内,精度可达亚毫米级。

在地面大型场景目标的扫描中,主要用到的设备为基于地面或车载平台的短程、中程及远程扫描设备。近些年来,出现了不少新型的地面激光扫描仪,在扫描速度、扫描距离、扫描现场、扫描精度等方面都有了很大的提升。

地面激光雷达属于站载式扫描,每站点云坐标属于独立的坐标系,大型场景目标需要进行多站扫描,即要进行多站点云的配准才能生成完整的点云模型。一般来说,每款扫描仪都会自行配带一款点云处理软件。目前,点云处理软件有 Cyclone、Sence Riscan、PRO、Realworks 等,这些软件都是通过寻找同名特征点进行人工干预式配准。

点云模式是离散的点,要想构建真三维彩色模型,还需要对其进行表面实体模型的构建,最能够体现对象表面形态的三角网模型。通过三角网模型还可以获取各种剖面图,用以进行点位的沉降、倾斜等变形监测,也可以获得古建筑的大木结构模型,用以展示和利用。为了构建真实的纹理模型,对扫描对象进行拍照,通过在影像和模型上选择同名点,对影像和模型进行配准;通过纹理映射,生成三维彩色模型。目前,影像配准的软件较多,如 Realworks、3D Reshaper、Ggeomagic 等,但这些软件还是存在一些纹理几何特征错位的现象,所以纹理建模的现实性较差,质量不够稳定。

二、地面激光雷达点云与近景影像的高精度配准

(一)地面激光雷达点云的自动配准

地面激光雷达以站点为单位进行扫描,每站扫描数据以扫描仪中心为坐标系原点。在工作中,首先要对相邻扫描点间进行配准,生成完整的点云模型。地面激光雷达以点云形式记录被扫描物体的三维信息。点云上的每个点不仅有三维信息,还有点的反射强度信息。反射强度图像是点云的一种表达形式,它以点云基准面为基准。通过点云拟合出基准面的空间位置,在基准面坐标系中以点云分辨率进行采样,生成点云反射强度图像,图像反映了被扫描物表面的连续灰度。同时,生成了一个与反射强度图像二维空间一致的三维数据索引和点到基准面的距离,该距离经过归一化后也会形成一张图像,称作距离图像。反射强度图像能够真实反映物体表面的纹理,能匹配出较多的特征点,有利于后续的点云匹配。而距离图像能表现出扫描物体表面的细节信息。

本节介绍一种利用反射强度图像作为匹配对象，进行影像特征提取，从而寻找相邻站点间同名点的方法。由于扫描对象、扫描范围以及扫描仪初始方位的不确定性，两张重叠反射强度图像可能出现旋转、缩放等现象，所以常规的影像匹配方法不适合此类影像的的匹配，可以采用 SIFT 算子进行图像匹配，SIFT 特征是图像的局部特征，具有对旋转、尺度缩放、亮度变化保持不变性的特征，但其匹配结果仍有可能出现错误，这样会影响到后续的配准，要采用有效的匹配策略，对误匹配进行剔除。此时，利用约束条件，如反射强度图像有距离信息、灰度信息、三维信息等，利用这些信息形成匹配的约束条件，从而去除误匹配的点对，以提高点云配准精度。可以利用距离信息约束结合 RANASC 方法进行错误点剔除。影像匹配策略如下：

(1)对两站图像数据进行 SIFT 特征提取和匹配。

(2)应用距离信息约束条件对匹配点对进行一次误匹配的剔除。

(3)应用 RANSAC 方法进行误匹配的剔除。该约束条件应用影像的二维属性作为判断的依据，剔除了一部分误匹配点。

(4)对同名点对进行灰度相关计算，对于相似性测度低于阈值的点对进行剔除。

(5)对上述匹配结果进行一次反向匹配，达到没有误匹配的目的。

(6)对正确的匹配点对进行最小二乘匹配，使匹配精度达到亚像素级，有利于后续点云配准的精度。

其中的距离信息约束条件源自于前文所述的距离图像，即相邻两站间同一位置点云基准面的空间位置相等，或者在深度上有一定的位移，应用这个距离约束条件可以剔除一部分误匹配点；RANSAC 方法是一种稳健的参数估计方法，在影响匹配误匹配的剔除方面已经有很多应用；反向匹配约束是对匹配出的特征点以从右到左的方式再进行一次匹配，对同名点对再次进行一次提纯，达到没有误匹配的目的。匹配约束条件是为了剔除误匹配点，以免粗差对配准结果产生影响。但是由于 SIFT 算法提取的是块状特征点，是以每个块状的中心点作为同名点，这样使同名点与真实的同名点之间会有一定的误差，这时，利用最小二乘匹配对 SIFT 同名点进行优化，最小二乘匹配被称为高精度影像匹配，匹配精度可达 1/10 像素甚至 1/100 像素，并且可以灵活地加入各种已知条件和参数，进行整体平差。

为了保证匹配的稳健性，采用金字塔分级匹配策略，金字塔分级匹配是一种由粗到细的匹配策略，是目前影像匹配中经常用到的方法。

完成点云数据的自动配准之后，就可以利用点云反射强度图像匹配的同名点对信息获取其三维空间信息，应用三维信息进行相邻站点间点云的配准，并对多站闭合点云间的配准参数进行平差，生成完整的点云模型。

(二)地面激光雷达点云与近景影像的配准

仅仅依靠激光点云对物体进行三维建模是不够的，缺乏对表面纹理特征的有力表达。数字影像可以提供丰富的光谱信息和真实的纹理信息，要将激光点云和数字影像结合起来首先需要解决的问题是两种数据的配准。该问题主要需要解决两点：一是配准基元，二是配准方法。为了获取完整的、高分辨率的纹理影像，以达到后续的高分辨率彩色模型，需要进行全方位、多角度的摄影，摄影角度是任意的，并且摄影常常是大角度，因此需要高精度的配准方法。为了满足点云与影像间大角度和两者的配准精度要求，有学者提出了一种由粗到细的配准方法，激光点云与近景影像配准后，只要配准精度满足要求，对于多张影像和一个完整的点云模型,通过纹理映射可以生成完整的彩色点云模型。

三、地面激光雷达与近景影像的纹理映射

前文中我们提到距离图像,对于地面激光雷达数据来说,可以获取点云到基准面的距离,形成距离图像,也叫作深度图像,深度图像与灰度图像类似,也是一个矩阵,所不同的是矩阵中每个点的数值不再代表图像的灰度值,每个像素值代表场景中可见点到某已知参考基准的距离。对于激光雷达数据来说,可以根据点云生成相应的基准面,构建相应的深度图像,基准面可以分为点基准、线基准和面基准,本书主要研究以平面为基准的深度图像。

深度图像的基准面类似于大地水准面,可以利用近景摄影测量原始影像以及激光点云的深度图像生成基准影像,基准面影像的生成是一个数字微分纠正的过程,生成的基准面影像类似于正射影像。利用反解法数字微分纠正获取基准影像,步骤如下:

(1)根据扫描分辨率设置深度图像格网点间距,一般与扫描分辨率一致。

(2)根据近景摄影测量原始影像分辨率设定基准面影像分辨率,并计算每个格网点的像素数,基准影像分辨率一般与影像分辨率一致。

(3)计算深度图像基准面上每个格网点的平面坐标:

$$\left.\begin{aligned} X' &= Ox + xCellSize \cdot x \\ Y' &= Oy + yCellSize \cdot y \end{aligned}\right\} \tag{4-8}$$

式中　(Ox, Oy)——深度图像原点在深度图像基准面上的坐标;

$(xCellSize, yCellSize)$——格网的间距;

(x, y)——格网点坐标;

(X', Y')——对应的深度图像基准面上的坐标。

(4)根据(x, y)像元上存储的距离值和比例系数,计算该点基于深度图基准面的真实距离 Z',得到格网点的(X', Y', Z')坐标。

(5)根据基准面的空间姿态和深度图像坐标在物方坐标系的坐标,计算格网点的真实三维坐标,此时利用空间相似变换,将深度图像上的局部坐标系转换为全局坐标系。

(6)根据得到的真实三维坐标和共线条件方程,计算每个基准面格网点(x, y)的纹理坐标(u, v):

$$\left.\begin{aligned} u - x_0 &= -f\frac{a_1(X - X_S) + b_1(Y - Y_S) + c_1(Z - Z_S)}{a_3(X - X_S) + b_3(Y - Y_S) + c_3(Z - Z_S)} \\ v - y_0 &= -f\frac{a_2(X - X_S) + b_2(Y - Y_S) + c_2(Z - Z_S)}{a_3(X - X_S) + b_3(Y - Y_S) + c_3(Z - Z_S)} \end{aligned}\right\} \tag{4-9}$$

(7)如果(u, v)不在整像素点上,则根据双线性内插求取其纹理值 $G(u, v)$,把该纹理值赋给基准面格网点(x, y)。

(8)根据每个格网点的像素个数和格网顶点的纹理值,再根据双线性内插计算每个像素的纹理值,如此遍历所有格网,生成了相应的基准影像。

基准影像不仅记录了影像的信息,同时与点云模型间有着对应关系,利用该关系进行纹理映射及其可视化。同时,对于相邻影像间的纹理接边问题,可以把相邻影像投影到同一个基准面上,在基准面上对重叠区域进行几何纠正。

利用地面激光点云与近景影像的精确配准结果,可以得到深度图像上三维点的纹理坐

标，再把单张近景摄影测量影像经过深度图像三维点纠正到深度图像的基准面，生成基准影像。如此，深度图像上的点与基准影像间也建立了纹理坐标关系，此时把基准影像作为纹理图像，应用纹理映射技术，结合相关软件，可以完成深度图像的纹理映射，从而生成无缝的彩色模型。

四、近景摄影测量影像点云与激光点云融合

前文叙述了地面激光雷达数据与近景影像的无缝纹理映射，从而实现了两种数据的互补，适用于大型古建筑、石窟等激光扫描数据纹理的获取。由于配准精度的影响，相邻影像间会出现纹理接边的现象，对原始影像而言是一种退化，不适合精细测量。本节介绍另一种方法，近景摄影测量影像点云与激光点云的融合，摄影测量数据可以通过影像匹配和相对定向等建立三维模型，并通过影像点云与激光点云的配准完成近景影像的定向，从而达到两种数据无缝配准和融合的目的，其中摄影点云数据既可以补充激光点云的漏洞，又可以补充激光扫描点云的特征，且相邻影像间的相对定向精度可以达到亚像素级，对于地面激光扫描数据的纹理映射来说，可以达到真正意义上的无缝，纹理和几何上的无缝、高精度融合数据更适合于精细量测和可视化。

目前，对于激光扫描点云与摄影测量数据配准的研究主要局限于激光点云与影像点云的配准（邓非等，2007）。对于比较复杂的扫描物体，如古建筑等，常规的摄影方式及其生成的点云在数量、质量和分布等方面都有一定的局限性，影响影像与点云的配准结果。另外，影像点云的生成需要控制点，但对于一些文物来说，在其上安装控制点很困难，综合以上分析，首先对点云进行分割，进行面向对象的摄影。数据处理方法为：首先对影像进行自动匹配和相对定向，建立影像的自由网模型；其次手动选取激光点云上的点为控制点，对影像进行粗匹配，应用粗配准的结果和点云深度图像进行基于物方的密集点云生成；最后对激光扫描点云和影像点云进行精确配准。该过程是以点云为控制、由粗到细、交互式地完成两种数据的配准。其方法如下所述：

（1）对于近景影像，挑选最佳点作为连接点，通过自由网平差，生成自由网模型。

（2）在自由网模型和激光点云模型上手动选取同名点对，并以激光点云上的点为控制点，对影像进行定向。由于激光点云本身的精度和选点误差，此时对于影像只是粗略定向。

（3）对影像分格网进行均匀密集特征点的提取，应用粗略定向的结果，以深度图为物方约束，预测其在相邻影像中的同名点的粗略位置，再应用相应的匹配方法进行精确匹配。

激光雷达点云和影像点云进行精确配准后，可以得到影像点云的精确定向参数。这样，以点云模型为整体控制，完成了对每张影像的精确配准。两种数据的融合主要体现在三个方面：首先，激光扫描点云限于仪器视角和扫描方式，不可避免地会存在漏洞；其次，影像点云的单点精度高，与激光扫描点云进行融合，补充了激光扫描点云的特征点，提高了激光扫描点云的几何精度；最后，影像间通过影像匹配进行相对定向，定向精度在一个像素内，配准结果对于点云的纹理映射、模型的纹理映射达到了真正意义上的无缝，并且可以根据点云深度图像的基准面生成正射影像，能够进行精细的测量和相应的数据分析。

第五章 近景摄影测量常用软件及应用领域

第一节 近景摄影测量常用软件

一、PhotoModeler 软件

PhotoModeler 软件包是由美国 EOS System 公司研发的近景摄影测量软件。它可以支持普通数码相机，无须测量相机空间位置和使用摄影经纬仪。其主要特点还在于利用数字摄影测量的原理与方法，从数张像片中捕获大量细节，提取三维测量数据，从而获取数字模型。

PhotoModeler Pro 功能模块包括：

(1)检校模块(a photo modeler calibration project)：用来检校相机参数。

(2)标准模块(a standard photo modeler project)：以手工或半自动找寻方式，获取指定目标点，进行测绘和建模。

(3)自动编码目标模块(an automated coded target project)：以软件全自动找寻方式，获取“自动编码目标”位置，从而进行测绘和建模。

(4)快速设定模块(a quick - setup photo modeler project)。

PhotoModeler Scanner 能够完成许多建模和测量任务，与基础的 PhotoModeler 产品不同的是，它能扫描照片并配对生成高密度点状云和网状表面，其中的高精度表面建模(dense surface model)模块，能更好地测绘非规则形状，并减少标记的工作量。

利用数字近景摄影测量的原理与方法，从最简单的数据获取设备——数码相机所获取的目标物影像中，对目标物拍摄一张或多张像片，然后将所拍摄的影像导入软件中，利用该软件就可以在短时间内捕获大量细节，提取三维测量数据，并建立含贴图的三维模型。在利用显示在屏幕上的影像建立模型的过程中，操作人员需用鼠标进行特征点、线的描绘和匹配，然后软件根据提供的数据建立一个独立、统一的坐标系，目标物上的点、线、面、柱体等在这个坐标系内就能够被唯一地确定，对于建立的三维模型也就可以对它进行距离、坐标等数值的量测。

该软件的作业流程如图 5-1 所示。

二、VirtuoZo 软件

(一)软件介绍

数字摄影测量工作站 VirtuoZo 是适普软件有限公司与武汉大学遥感信息工程学院共同研制的全数字摄影测量系统。此系统利用数字影像或数字化影像完成摄影测量作业，由计算机视觉代替人眼的立体量测与识别，可进行影像匹配、核线采样、生成数字高程模型、制作正射影像、生成等高线、图廓整饰等工作。

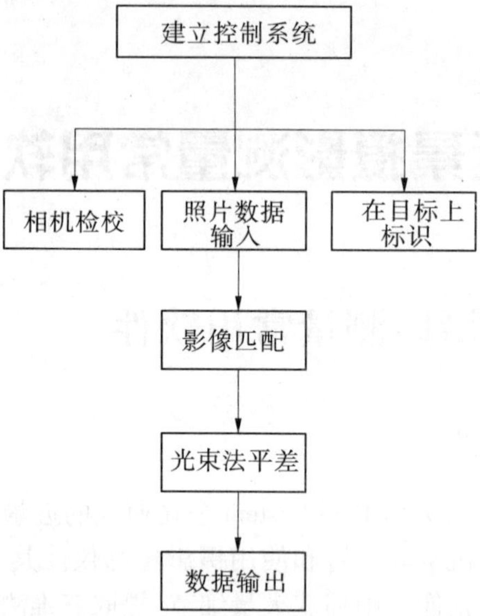

图 5-1 PhotoModeler 软件的作业流程

VirtuoZo 设置有专门的近景摄影测量模块 V－ClosePhoto。此模块的主要功能是近景影像全自动相对定向和半自动绝对定向以及近景核线影像重采样，主要技术是能自动生成近景数字正射影像，能进行近景立体数字测图，并且在 VirtuoZo 测区参数中有专门针对非量测相机的模块。因此，应用非量测相机时可以选择此选项进行数据处理。

（二）VirtuoZo 软件功能模块介绍

VirtuoZo 全数字摄影测量系统系列产品及模块如下。

1. 全数字化摄影测量软件标准版 VirtuoZo Classic

VirtuoZo 标准版，生产 DEM、DOM、DLG 和 DRG 产品的全数字摄影测量软件，其中还包括基于第三方 DEM 数据（USGS 格式）制作正射影像、基于正射影像的数字测图以及与 Microstation接口的立体数字测图和正射影像测图等功能。

2. 全数字化摄影测量软件普及版 VirtuoZo Lite

VirtuoZo Lite 提供 VirtuoZo 标准版本的所有功能，降低了对硬件的要求，可在笔记本电脑上运行，尤其适合于教育系统的教学培训或个人单机使用。

3. 全数字化摄影测量软件教育版 VirtuoZo Education

软件功能和标准版相同，方便学生对 VirtuoZo 全数字摄影测量软件做全面了解。

4. 制作正射影像模块 VirtuoZo OrthoKit

VirtuoZo OrthoKit 模块具有自动生成正射影像、制作 DEM 或基于第三方 DEM 数据（USGS 格式）制作正射影像，以及提供在正射影像上进行数字测图的功能。该模块还包括专业影像处理模块，该系统具有匀光和对正射影像/原始影像进行无缝镶嵌的功能。

5. 数字化测图模块 VirtuoZo MapEngine

该交互式数字影像测图系统主要用于地物量测，用户可在立体影像或正射影像上，进行地物数据采集及编辑，生成数字测图文件，并按标准的制图符号将之输出为矢量地形图。

6. MicroStation 接口测图模块 VirtuoZo MSMapper

MicroStation 接口测图模块是 Microstation 采集功能的扩展。实现了 VirtuoZo 与

MicroStation的无缝集成。该模块具备立体模型测图、正射影像测图，以及 MicroStation 符号库。将 MicroStation 的各种复杂线型叠加到立体窗口，实现矢量叠加立体显示；扩展了自动生成各种复杂线型等多种功能；支持地物采集与编辑一体化。

7. 电力选线与量测三维可视化平台 VirtuoZo EPMapper

VirtuoZo EPMapper 是专门用于电力线量测和设计的软件。在 VirtuoZo 数字化立体量测的基础上，结合国家电力部使用的标准以及电力设计院的实际工作流程，软件操作流程与实际作业流程一致。

8. 正射影像数字测图模块 VirtuoZo OrthoMapper

该软件基于可实现正射影像与参数输入，进行正射影像数字测图。

9. AutoCAD 测图接口模块 VirtuoZo CADMapper

VirtuoZo CADMapper 模块实现了与 AutoCAD 的无缝连接，提供 AutoCAD 使用的符号库。可在数据采集过程中，实时显示所采集的矢量数据，可自由选择测标形状，保存上一次的作业环境设置，可将在立体影像上量测的三维矢量信息直接记录到 AutoCAD 的 dwg 文件中。对于没有高程信息的二维矢量图形，支持通过 DEM 求解高程值从而将其叠加到影像上，也支持给定平均高程值将其整体叠加到影像上，是集采编为一体的测图系统。

10. 自动空中三角测量系统 VirtuoZo AAT

VirtuoZo AAT 具有全自动内定向、自动识别和转刺连接点、半自动量测控制点、自动构建区域网和自动剔除粗差点的功能，可与多种区域网平差软件建立接口，能实现区域的自动接边、精度检测及加密成果自动整理等功能。

（三）VirtuoZo 软件功能简介

1. 数据输入

1）影像数据输入

接受的数据格式有 TIFF（具体包括：标准格式的 TIFF，Tiled TIFF，JPEG，TIFF，GeoTIFF 和以 11 bit、12 bit 和 16 bit 位存储的 TIFF 影像）、NITF、SGI（RGB）、BMP、TGA、SUN Raster、VIT 和 JFIF/JPEG 格式。

2）等高线矢量数据输入

输入已有地形信息（等高线、特征线、特征点）的 DXF 和 USGS 格式文件，构造三角网并内插矩形格网。

3）DEM 数据输入

可将 USGS DTED2 格式的 DEM 转换为 VirtuoZo 格式的 DEM；

可将 Lidar 格式的 DTM 数据（一般为 *.xyz 文件）转换为 VirtuoZo 格式的 DEM。

2. 影像旋转缩放功能

在引入影像文件，输出 vz 影像的同时，可以对影像进行 90°、180°以及 270°的旋转，并且可以在 X 方向和 Y 方向进行缩放。

3. 内定向

框标的自动识别与定位。利用相机检校参数，计算扫描坐标系与像片坐标系之间的变换参数，自动进行内定向，提供人机交互后处理功能。

4. 相对定向

左右影像分别提取特征点，利用二维相关寻找同名点，计算相对定向参数，自动进行相对定向,提供人机交互后处理功能。

5. 绝对定向

由人工在左右影像上定位控制点点位,采用影像匹配技术确定同名点,计算绝对定向参数,完成绝对定向,支持立体量测功能,可通过手轮、脚盘直接驱动立体影像来调整控制点和像点坐标。

6. 绝对定向立体模式中手轮脚盘接口功能

模型绝对定向模块支持键盘、三维鼠标和手轮脚盘。

7. 生成核线影像

根据立体模型计算核线范围,按同名核线重新采样,形成按核线方向排列的立体影像。可采用两种方式生成核线影像:非水平核线方式和水平核线方式。

8. 建立 DTM/DEM

将匹配后的视差格网投影于地面坐标系,利用移动曲面拟合,内插生成不规则的数字表面模型 DTM,再进行插值计算,建立矩形格网的精确的数字高程模型 DEM。

9. DEM 编辑

可将 DEM 结果叠加在立体影像上,直接进行编辑,支持新红绿立体观察 DEM 以及对应等高线,根据 DEM 实时绘制等高线。

10. 正射影像的生成和制作

采用反解法进行数字纠正,自动生成正射影像图,比例尺由参数确定,可以使用 VirtuoZo 系统产生的 DEM 文件、DTM 文件、DXF 格式的矢量数据文件等直接对原始影像进行纠正,并且可以选择纠正格网的类型。系统提供图幅整饰功能,图幅整饰功能支持标准图幅的自动图框添加、图号、图名、比例尺等的指定和调整。

11. 自动生成等高线

由 DEM 自动生成等高线图,等高线间隔由参数设定,DEM 可以使用 VirtuoZo 系统产生的 DEM 文件、DTM 文件、VZM(VirtuoZo 矢量测图文件格式)、DXF(AutoCAD V12 生成的矢量数据文件)格式的矢量数据,并且可以选择纠正格网类型(三角网或矩形格网)。

12. 正射影像和等高线叠合

正射影像和等高线生成后,将等高线叠合到正射影像上,获得带有等高线的正射影像图。

13. 数字化测图

该模块提供实用工具提高数字化效率,软件支持多种比例尺,提供各种比例尺图示符号,提供多种三维定位设备包括三维鼠标、手轮脚盘、普通鼠标等多种设备进行作业。

14. 影像与立体影像显示

在屏幕上显示三维立体影像,可查看整个数字影像的完整性,检查当前数字影像是否清晰,方位是否正确。

15. 景观图或透视图显示

在屏幕上显示景观图或透视图,可设定观察视角,缩放三维影像。

16. 影像镶嵌与裁剪

对正射影像、等高线与等高线叠合正射影像进行镶嵌,对单幅正射影像、等高线与等高线叠合正射影像进行裁剪,实现正射影像的无缝拼接,并能对任意影像进行镶嵌。

17. 批处理

对多个模型成批进行自动处理，设置参数选择模型和处理类型，例如：相对定向、绝对定向、采核线影像、影像匹配、生成 DEM、正射影像、等高线和正射影像与等高线的叠合等。

18. 数据输出

将 VirtuoZo 格式的数据文件转换为其他标准文件格式。

三、Lensphoto 软件

Lensphoto 软件是利用张祖勋院士提出的计算机视觉代替人眼的短基线、多影像摄影测量原理，将少量全站仪测量的高精度点位坐标与摄影测量影像信息结合起来，建立高精度的地形数字化模型的一款近景摄影测量软件。该系统由普通数码相机，按要求拍摄大量具有较短基线和不同交会角的序列影像，然后通过少量物方控制点的空间坐标及其对应的像点坐标建立空间关系，从而解算出相机参数和影像外方位元素，进而计算出同名点的空间坐标，自动化生成可量测的区域三维数字表面模型等数据产品。

（一）技术特点

（1）采用了多片立体匹配算法代替单片匹配算法，能够适应视差变化大的立体像对和断面，能够在匹配的同时进行点的传递，并进行相对定向和模型连接。

（2）利用计算机液晶屏幕上的格网对相机进行检校，按量测相机进行处理，给定相机的焦距 f、主点、畸变差初值。

（3）利用影像匹配技术和光束法区域网空中三角测量原理，通过多基线立体匹配算法获取同名点，生成被测物体表面相对位置关系的自由网点云，然后通过对控制点坐标多光线前方交会及区域网自由网平差，自动生成物方三维坐标，完成自由网的绝对定向。

（4）区域网平差引入“自检校参数”平差，在被测对象所布设的控制点多于 6 个时，可以填入相机焦距，并将像主点和畸变参数均设置为 0，在构建测区自由网和绝对定向时获取外方位元素初始值，在获得平差结果的同时，获得相机内方位元素和畸变差的精确值。

（5）利用观测值独立性的立体匹配理论和金字塔匹配策略，实现基于区域灰度的近景影像匹配，测图时可以对“多片”原始影像进行组合来构成立体像对，避免了核线影像变形对测图的影响。

（6）影像匹配的兼容性：可对建筑物等单一纹理的对象进行匹配，可采用带弧度的外业拍摄方式获取影像。

（二）Lensphoto 软件的功能模块

该系统主要由相机检校、空三匹配、控制点量测、光束法平差、DSM 密集匹配、DEM 生成、DOM 生成、点云编辑、构网建模、纹理自动映射等模块组成，版本包括 Lensphoto V1.0、Lensphoto V1.1、Lensphoto V2.0、Lensphoto V3.0。Lensphoto 软件的模块如下。

1. 工程管理模块

工程管理模块的功能主要是管理工程文件的建立、修改、恢复和清除临时文件夹，以及工程影像路径定位。

2. 空三模块

利用自检校光束法平差同时解算影像内、外方位元素和加密点的空间坐标。生成点云，加密匹配运算，生成高密度点云，剔除粗差点。空三模块的功能主要包括自动匹配、空三交互、引入控制点、更新工程和查看控制点。

3. 点云产品模块

点云产品功能模块主要有点云生成、点云编辑、点云导出等功能。

4. 预处理模块

该模块可对相机进行检校、纠正影像畸变差、对影像进行匀光处理。其主要功能模块有相机参数的转换、输入和输出功能。

5. 测绘产品模块

该模块用于生成和输出 DEM、DOM、三角网、线描图、等值线等类型的测绘产品。

6. 三维产品模块

该模块主要包含 Analyzer 和 TextureMappre 两个模块。功能主要包括导入数据、关联点云影像和参数、点云数据法向计算、点云编辑、点云拼接、纹理自动映射、构网建模、保存数据和模型简化。其中,高分辨影像配准 Texture Mapper 模块主要是指将普通高分辨率单反数码相机所拍摄的影像,利用计算机影像匹配代替人工选点,高效率地配准到物体几何模型上。

(三)基于 Lensphoto 进行数据处理

基于 Lensphoto 进行数据处理的流程如图 5-2 所示。

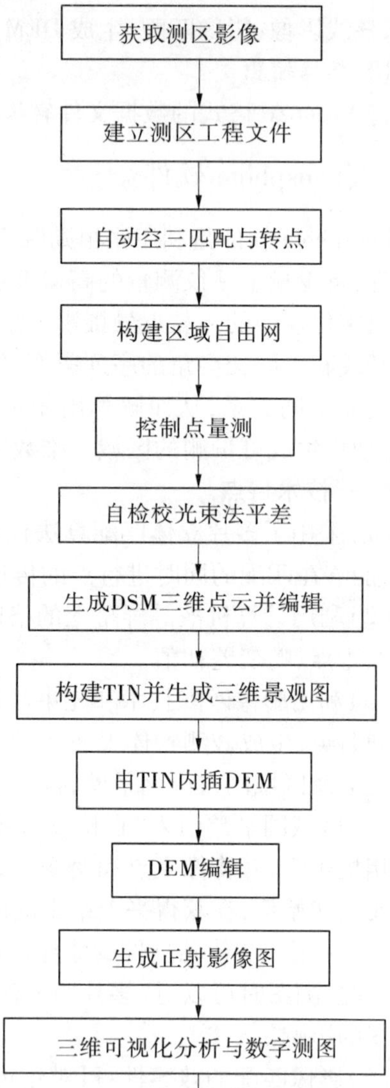

图 5-2 基于 Lensphoto 进行数据处理流程

1. 相机检校

相机检校模块提供两种检校方式:控制场检校和平面格网检校。前者利用高精度的三维室内控制场对相机进行精确标定,用于高精度的近景摄影测量,如果没有控制场检校条件,则可利用程序在液晶显示器上自动生成的平面格网进行检校,可满足中、高精度的近景摄影测量需求。

1)控制场检校

控制场检校需利用高精度的三维室内控制场作为相机检校的参考对象,利用该控制场和本系统检校模块对相机进行检校。图 5-3 为控制场检校模块操作界面,当每张影像量测 6 个以上控制点后,就可利用 DLT 预测该片上其余控制点,并利用最小二乘模板匹配进行标志牌中心点位的自动精确定位。

2)基于液晶显示器的平面格网检校

如果没有三维控制场检校条件,可利用液晶显示器上的平面格网点对相机进行快速检校。图 5-4(a)为程序在液晶显示器上自动生成的平面格网点,借助格网上的红、绿、蓝三个标志点可实现格网点的自动和精确提取,图 5-4(b)为平面格网检校模块操作界面。

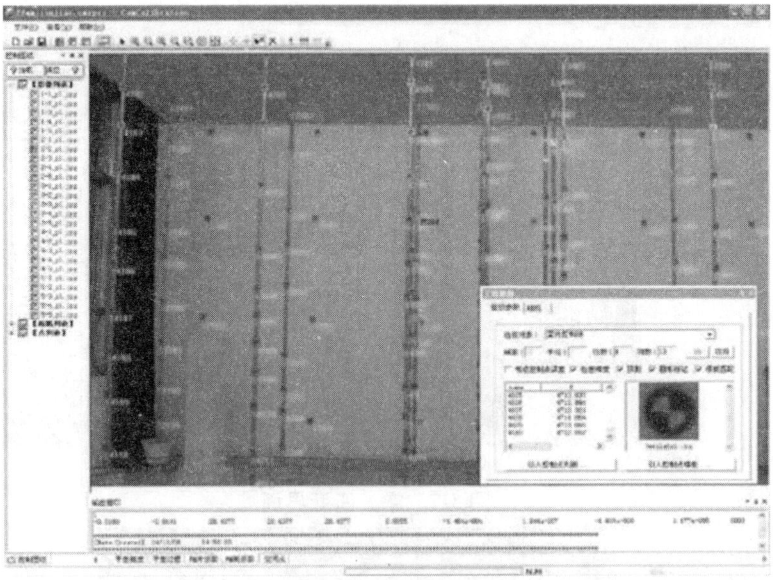

图 5-3 控制场检校模块操作界面

(a) 程序在液晶显示器上自动生成的平面格网点

(b) 基于液晶显示器的平面格网检校

图 5-4 控制场检校

2. 工程管理

工程管理模块主要对摄影数据进行整理，按条带和模型顺序进行排列，生成系统所需的测区工程文件，其余各模块均通过工程文件进行数据交换。

3. 全自动空三匹配

空三匹配模块可对测区数据进行全自动匹配与转点，并在操作界面上可显示匹配结果，如图 5-5 所示，对自动匹配失败的模型通过人工给定种子点后可重新进行匹配。

4. 控制点量测

控制点量测模块提供立体量测和最小二乘匹配两种模式进行像控点的量测，如果控制点为标准的标志牌，还可进行模板匹配。当测区自由网构建完成以后，量测 3 个以上控制点并进行区域网平差，即可进行控制点的预测，如图 5-6 所示。

5. 全自动区域网平差

完成全自动转点并量测完所有像控点后，平差模块可对测区数据进行全自动区域网平差（构建测区自由网、绝对定向、自检校光束法平差），并输出平差精度报告。

图 5-5　空三匹配界面

(a) 控制点预测

(b) 红绿眼镜立体量测

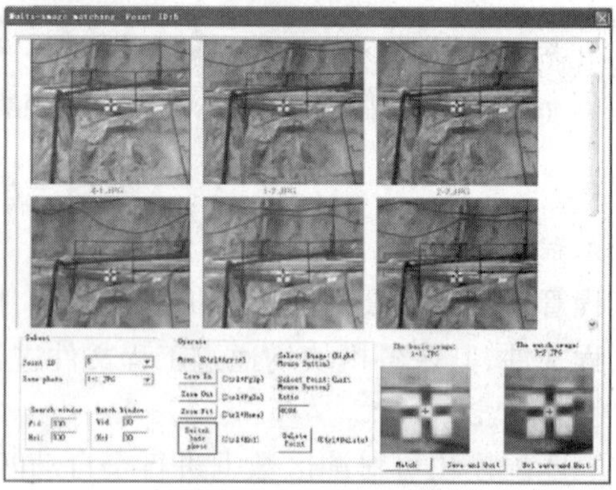

(c) 多片最小二乘匹配

图 5-6　控制点量测界面

6. DSM 匹配

DSM 匹配界面与空三匹配界面相同，只是匹配前需引入空三得到的内、外方位元素才可进行核线约束匹配。

7. 点云生成

DSM 匹配完成以后，可利用空三成果对匹配点进行多片前交生成三维点云。重叠度越大，粗差点越容易剔除，因此在生成点云时可设置输出点云的重叠度阈值。

8. 点云的三维显示与立体编辑

由于仅仅靠区域网平差难以完全剔除密集点云中的粗差点，因此软件提供可对点云进行编辑的“立体编辑”模块。Lensphoto 的“立体编辑”模块可对点云进行三维显示和立体编辑，还可根据编辑好的点云自动生成等深线、自动生成不规则三角网（triangulated irregular network，TIN）并内插 DEM（digital elevation model），进而可生成三维 TIN 景观图和正射影像。系统提供两种方式进行粗差点的剔除：人工剔除粗差点和基于三角网滤波的自动粗差点剔除。人工剔除粗差点是在三维浏览环境下，人工从不同视角查找粗差点，并通过鼠标操作“圈”出自动剔除粗差点。

9. 三维 TIN 景观图

经过编辑的三维点云可构建不规则三角（TIN），进而利用 TIN 内插 DEM。在生成三维 TIN 景观图和正射影像时，需根据被摄目标物方点在各影像上的投影坐标，选择反投像点离像主点最近的最佳投影影像进行纹理映射，而不能采取航空影像的正射纠正方法，即利用摄影中心在 XY 平面上的投影点划分采样单元。同时，在构建 TIN 和生成 DEM 时，首先要根据摄影的深度方向进行最佳投影面的选取，而不能像航空摄影测量一样，在构建 TIN 和生成 DEM 时投影平面固定为 XY 平面。根据投影影像生成的三维 TIN 景观图如图 5-7 所示。

(a)TIN 正视图

(b)TIN 侧视图

图 5-7　三维 TIN 景观图

10. DEM 编辑与正射影像

与构建 TIN 相同，在由 TIN 内插 DEM 时，要根据深度方向选择 DEM 的投影平面，如 Y 方向为深度方向时，则 DEM 的投影平面应为 XZ 平面，同时，为了得到更精细的 DEM，可在原始立体像对上对 DEM 进行立体编辑，如平面拟合、二次曲面拟合、平滑、平均高程（深度）、定制平面等。最后，根据最佳投影影像生成的正射影像与 DEM 叠加，其三维效果图如图 5-8 所示。

图 5-8　正射影像与 DEM 叠加图

11. 测区拼接

如果被摄目标体积庞大或者结构复杂，需要通过几组摄影数据才能拍摄到目标的全部几何与纹理信息（如室内三维重建），则可将摄影区域进行“分区”处理，最后利用“测区拼接”模块和控制点将各子测区自动拼接到同一坐标系下。

12. 数字测图

已有 VirtuoZo 测图模块 IGS，可读入 Lensphoto 空三成果，并可对地面摄影数据进行数字测图。该模块无须生成核线影像，可在原始影像上进行立体测图。图 5-9 为 IGS 近景测图模块操作界面。

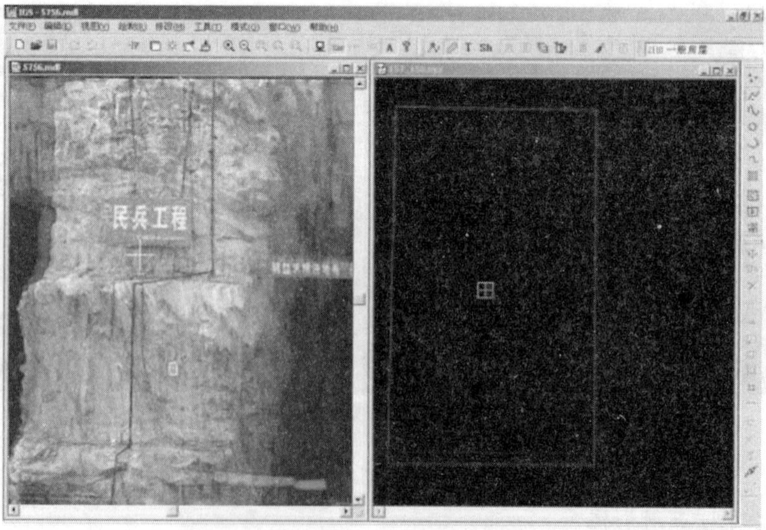

图 5-9　IGS 近景测图模块操作界面

13. 数字产品输出

正射影像与 DEM 可按测绘标准格式输出，而三维点云、等深线和立体添加的特征线，可导出 CAD 软件和 CASS 软件的数据格式，进而可进行土方量计算、绘制断面图和工程设计等更多工程应用。

(四)安装环境

1. 操作系统环境

Lensphoto 软件操作系统环境为 Windows XP /Windows7/Windows10。

2. 硬件最低配置

Lensphoto 的硬件配置见表 5-1。

表 5-1 Lensphoto 的硬件配置

名称	型号(推荐)	数量(PCS)	说明
CPU	Intel 酷睿 2 双核 E8100(2 330 MHz L2 缓存 6 MB)	1	
主板	华硕 P43QL	1	
内存	2 GB	2	
硬盘	320 GB	1	
光驱	18 × DVD	1	
显卡	GTX750ti	1	拥有 GPU 的显卡
显示器	22 in LCD	1	
机箱、键盘、鼠标	无要求	1	
电源	350 W	1	

四、PixelGrid 软件

(一)软件介绍

PixelGrid 是由中国测绘科学研究院开发的遥感数据处理专业软件,实现了对卫星影像数据、航空影像数据以及低空无人机影像数据等多种数据的快速自动处理,可以完成遥感影像从空中三角测量到各种比例尺的 DEM/DSM、DOM 等测绘产品的生产任务。

(二)软件特点

PixelGrid 具有以下特点:

(1)PixelGrid 系统支持单机多核 CPU/GPU 多线程模式和基于高速局域网的多核 CPU/GPU 集群分布式并行运算。

(2)基于已有 DOM 和 DEM 的配准技术,利用航空影像和高分辨率卫星影像进行区域网平差,并自动提取控制点,实现高分辨率遥感影像的定位和影像地图制作及更新的功能。

(3)支持传统扫描航空影像数据、新型数字航空影像以及无人机影像数据等。

(4)对于大测区区域网平差过程中需要考虑的地球曲率改正和跨投影带问题,采用区域稀少或无地面控制卫星影像区域网平差技术。

(5)基于多基线、多重匹配特征的自动匹配技术,采用由粗到细的多级影像匹配策略,综合集成多种性能互补的影像匹配算法进行质量控制,自动进行匹配粗差定位和剔除。

(6)基于 GPU 并行计算的正射影像生成及自动镶嵌。

(三)功能模块

PixelGrid 5.0 系统分为七大数据处理模块:

(1)PixelGrid－SAT 高分辨率卫星影像数据处理系统。

(2)PixelGrid－AEO 高分辨率航空影像数据处理系统。

(3)PixelGrid－UAV 低空飞行器影像数据处理系统。

(4)PixelGrid－ADS 推扫式航空影像处理系统。

(5)PixelGrid－OIM 倾斜航空影像数据处理系统。

(6)PixelGrid－SI 影像快速拼接处理系统。

(7)PixelGrid－Geo 地理国情遥感影像处理系统。

五、ContextCapture 软件

(一)软件功能介绍

ContextCapture 前身是由法国 Acute3D 公司开发的 Smart3DCapture 软件，Bentley 公司已于 2015 年全资收购 Acute3D 公司，并将其软件产品更名为 ContextCapture。ContextCapture 的特点是能够基于数字影像照片自动生成高分辨率真三维模型，照片可以来自于数码相机、手机、无人机载相机、航空倾斜摄影仪等各种设备。适应的建模对象尺寸从近景对象到中小型场所到街道城市。基于 ContextCapture 生成的模型用户可以分析/掌握现有条件，进行风险管理、安防管理、监督建筑/施工项目，以及通过模拟培训地面工作人员等，从而可以优化决策，降低风险，减少成本。

ContextCapture 软件有几个主要的模块，包括 ContextCapture Master、ContextCapture Setting、ContextCapture Engine、Acute3D Viewer 等。

(1)ContextCapture Master 即相当于一个管理者，它创建任务，管理任务，监视任务的进度等。

(2)ContextCapture Setting 是一个中间媒介，它主要是帮助 Engine 指向任务的路径。

(3)ContextCapture Engine 即是引擎端，只负责对所指向的 Job Queue 中的任务进行处理，可以独立于 Master 打开或者关闭。

(4)Acute3D Viewer 可预览生成的三维场景和模型。

(二)软件特点

ContextCapture 通过加载采集端获取的多视觉影像可以生成具有高分辨率的真三维模型，利用 ContextCapture 进行实景三维建模，首先加载 POS 数据和倾斜影像，经控制点刺点后进行倾斜影像联合平差，精确计算每一张影像的外方位元素，同时生成高密度、高精度的三维点云数据，在点云的基础上提取深度图并构建三维 TIN，最后根据三维 TIN 的空间位置，获取影像进行自动映射纹理，从而得到倾斜实景三维模型。对于基础设施行业来讲，既有大范围的测绘、地理规划项目，又有区域类的建筑、工厂项目，无论是种需求，对于模型的承载能力以及数据处理能力都有很高的要求，在同等条件下，ContextCapture 提供的模型数据量大概是同类系统的 1/4。ContextCapture 支持多种数据格式，这为与多种应用模块集成提供了基础。

第二节　近景摄影测量应用领域

随着计算机技术和测绘技术的不断发展，摄影测量发展到了全数字摄影测量阶段。近

景摄影测量是通过摄影手段以确定目标的外形和运动状态的学科，具有不伤及测量目标、可在恶劣环境下作业、瞬间获取目标大量信息、高精度和高可靠性等一系列优点。

近年来，随着普通数码相机技术、计算机技术和图像处理等技术的发展，近景摄影测量技术在变形监测、三维重建、建筑测图、植物生长量、文物测绘、考古等诸多领域中起着日益重要的作用。

一、在文物领域的应用

我国历史悠久、文化遗存丰厚，具有众多的古迹、文物，而这些文化遗产从不同的侧面反映了各个历史时期人类的社会活动、社会关系、意识形态，以及利用自然、改造自然和当时生态环境的状况，是全人类宝贵的历史文化。近景摄影测量处理速度快、自动化程度高、精度高的优点，使得该技术在文物领域有着不可比拟的优势。近年来，近景摄影测量在文物领域的应用越来越多，国内外许多科研机构都对文物三维建模进行了应用研究。在国外，美国的斯坦福大学利用激光测距仪对米开朗基罗雕像进行了数字化，使艺术雕像得到了更好的展示与保护；为收集文物、艺术画廊的原始数据，加拿大开发了 NRC’s 3D Imaging 系统；在国内，浙江大学与敦煌研究院合作对敦煌洞窟壁画进行了数字化，并且敦煌研究院承担的“濒危珍贵文物信息的计算机存储与再现系统”列入了国家科学技术委员会重大课题；为了保护首都博物馆的部分珍贵文物，东北林业大学与北京朝日公司合作对文物进行了数字化工作；2010 年，西北大学使用三维激光扫描仪 HDS3000 和 HANDY3DSCAN 获取小雁塔和西汉张安世古墓群数据等。

数字近景摄影测量在数字文物领域的成功应用案例还有很多，例如大足石刻基于数字近景摄影测量技术的文物数字线描图绘制项目、麦积山石窟的基于数字近景摄影测量技术的文物数字化项目、湖北省博物馆的馆藏文物的高保真数字化项目等，涉及种类十分丰富，既有不可移动文物（如大型的遗址、石窟寺、古建、墓葬等），又含可移动的馆藏文物/艺术品器物等，涉及石刻、泥塑、木雕、壁画、书画作品、服饰、青铜器、漆器、玉器、钱币、棺木、端砚等，原则上能拍摄影像的对象就能使用近景摄影测量技术处理，“所见即所得”的便利性是基于近景摄影测量技术实施文物数字化技术的极大优势之一，基于数字近景摄影测量技术的文物数字化技术让文物“永生”，让文物更精彩。

由于近景摄影测量技术的诸多优点，近景摄影测量技术在文物领域中的应用将越来越广泛，为古建筑测绘、文物保护与修复、古建筑的变形测量、数字影像记录、沉降监测提供基础性数据，并将为促进文化遗产的人文研究及旅游提供方法途径。数字近景摄影测量技术相较于其他技术用于文物三维重建的优势在于：

（1）精度高（几何精度能达到毫米级），并且由于摄影测量的点与影像的对应性，模型纹理自动映射的精度达像素级。

（2）效率高，近年来数字摄影测量系统自动化程度日渐提高至“一键式”操作，不仅内业操作人工干预少，而且解算速度也大幅加快，加之摄影测量的点源与影像匹配，即点与影像是一一对应的，因此能自动生成正射影像和模型纹理的自动映射。所以，从数据采集、数据处理解算到文物数字化成果的表达和呈现全过程而言，数字近景摄影测量技术无疑具有明显的高效优势。

（3）成本低，数字近景摄影测量所采用设备是成本不高但社会拥有量很高的单反数码相机,后期数据处理的高效率使得人力成本也相对较低。近景免接触的测量特点能最大程度地避免对文物的保护性毁损,同时,近景摄影测量基于影像而测量的特点能客观、精准地呈现文物丰富的纹理信息。

二、在生物工程与医学领域的应用

生物医学摄影测量技术主要包括应用摄影测量方法研究生物医学与非生物医学等领域,如植物学、昆虫学等的作业技术,生物医学立体摄影测量已经成为国际摄影测量与遥感协会第五委员会的一个重要课题。近景摄影测量能够通过精密控制量测不规则表面实体的现状和形态,并进行立体再现,提供静态目标的平面图、立面图、等值线图、影像图、纵横剖面图等,还可提供动态目标的变形参数或运动轨迹。因此,近景摄影测量以其独特的优势在生物医学领域也取得了发展。

(一)面部特征恢复

面部特征在体质人类学、法医学及美容整形研究中是一项重要内容,国内外专家做了深入的研究。软组织测量技术在颅骨面貌复原中发挥着重要作用,要尽可能地恢复原貌,就必须掌握面部各个关键位点软组织的厚度。常用方法有平面测量法、直接测量法和模型测量法。

(二)人体骨骼外形尺寸测定

有学者研究利用近景摄影测量测定人体骨骼外形及尺寸,先制作控制框架,对标本只需拍摄像片,通过对多具人体骨架模型的测定,证明近景摄影测量在人体骨架模型测量方面是可行的,通过近景摄影测量可以为生物学、医学等学科的研究提供人体运动与肌肉关系的基础数据。

三、在传统领域的应用

(一)基于近景摄影测量的变形监测

1. 研究现状

对于任何一类工程结构,由于外部因素或内部因素的影响,工程结构在建造和使用过程中都可能产生变形。变形监测的工作内容就是对监测体的形态、位移、倾斜、裂缝、挠度、振动等以及其相关影响因素(例如水、温度、风、光照、压力、应力、应变等)进行变形监测、变形分析及变形预报。测绘理论、测绘方法和测绘仪器的发展极大地推动了变形监测技术的迅速发展。

日本 Miura. Satoru 等在 2001 年应用近景摄影测量方法进行隧道的收敛测量,在直径 7 m 的地铁隧道内,观测点的三维坐标精度已经达到了全站仪的水平,缺点是要布设大量的辅助点,为了覆盖整个监测区域,拍摄照片的工作量较大。日本京都大学的 Ohnishi Y. 和 Nishiyama S. 等于 2006 年采用近景摄影测量研究山体边坡的变形问题,通过在边坡上布置大量标志点实现三维坐标测量。田胜利等对使用非量测相机应用近景摄影测量技术观测结构变形进行了深入的研究,并使用小波变换、神经网络等人工智能手段对观测结果进行了处理,并于云南小湾电站的大型硐室内进行现场试验,量测结果达到了较高的精度。贺跃光等采用中南大学研制的无接触三维数字化近景摄影测量系统观测隧道周边位移,结果表明,采用该系统精度可靠,操作简便,且适用性强。王国辉等研究出一种无固定测站式的近景摄影测量方法，该方法手持相机，不设固定测站，不设控制点，但需要在预测断面上悬挂一两把基尺，对像标和标尺拍照，将像片输入计算机，用鼠标量测像点坐标，用改进的 P－H 算法转换成物空间坐标，其研究适合在施工隧道中推广，现场试验亦达到了较高的精度。于承新等采用普通数码相机开展钢结构变形监测的研究，采用透视变换纠正算法，结合数字图像处理进行目标点自动识别与定位，实现钢结构瞬间挠度的变形监测。寇新建等将光学量测影像数字化应用，研究解决矿山活动塌陷区大范围的地表监测问题，发挥了近景摄影技术在对危险现场处理的技术优势。

2. 优势

近景摄影测量方法结合了无人机系统、软件处理系统、数据通信系统等，能实现对监测数据的自动采集、处理和输出，是一种非接触、无损、高效率的三维测量方法。其优势包括：非接触测量，避免对目标物体造成损坏；可以实现全天监测；数据成果类型丰富且精度高；数据处理自动化程度高，处理速度快。这些优点使得近景摄影测量技术在应用于结构变形监测领域有着其他测量手段无可替代的优势。例如：运用近景摄影测量技术通过非量测定焦单反相机拍摄的监测区域的工程影像及测量少量的控制点，能快速获取监测区域的高精度的"面"数据：RGB 点云 DSM、DEM 以及目视数据，DOM 和三维纹理模型等，为基坑的变形监测提供精确、可靠、全面的分析数据。

此外，数字近景摄影测量特有的可视化特性，以及基于近景摄影测量的多片立体匹配技术及光束法平差、自动空三的运用使得数字近景摄影测量系统的精度和自动化程度都很高，能满足变形监测的需求，同时丰富和完善了变形监测的应用技术。数字近景摄影测量在变形监测方面的应用包括了地质灾害预警监测、基坑工程的变形监测、建筑物变形监测、公路路面裂缝及病害监测、桥涵工程变形监测、隧道工程变形监测、轨道变形监测、地铁隧道工程变形监测、文物保护工程变形监测等领域。近景摄影测量用于变形监测的优势是：外业数据采集便捷、内外业操作自动化程度高、数据成果精度高、能提供监测对象面监测数据，且数据成果可视化。数字近景为各类变形监测提供高精度的目视化的"面"监测数据，让变形预警分析更可靠便利。

（二）在工程测量领域的应用

工程测量是直接服务于工程建设的，分为建筑工程测量、线路测量、桥梁与隧道测量、矿山测量、城市测量、水利水电工程测量、高精度工程测量及工业三维测量等，涵盖工程建设的全过程，即规划设计、施工建设、竣工验收、运营管理全程各阶段的测量工作。人类社会活动是离不开无处不在、无时不用的工程建设的，所以工程测量的应用领域涉及国民经济建设的方方面面，应用十分广泛。

建筑工程在设计和施工之前都需要测量原始地形，许多工程地形复杂，常规测量方法难度大且效率低。传统的测量方法一般是在测区布设测量控制网，利用全站仪通过控制点或图根点进行测量，当出现测量人员难以到达的部位，还需使用具有免棱镜功能的全站仪进行补充测量，但是免棱镜功能会受光线、天气和测量距离的限制，往往会有测不到的部位还需要再次补测。随着社会的进步、科学技术和测绘技术的推陈出新以及工程技术的不断发展，对工程测量提出了高新要求，特别是全球定位系统（GPS）、地理信息系统（GIS）、摄影测量与遥感（RS）以及数字化测绘和地面测量等先进技术的快速发展，为工程测量的技术手段和实施方法的不断优化提供了有利的条件。近年来，工程测量也借助良好的发展机遇朝着自动化,实时化和数字化采集、处理,以及数字化、目视化表达测量数据方面快速发展。

例如,近景摄影测量技术经常应用于地籍图和大型工程的测绘中,它无须接触被测物体,且工作效率高,结合 IMU 等辅助手段,使得外业测量控制点连接少,测量效率高。近景摄影测量技术一般作为地面测量的辅助工具,在土石方量计算、三维图重建、地形勘察、滑坡测量等方面有广泛应用,能获得较为精准的数据资料。同时,数字化技术在工程测量中的应用为纸质地图的处理带来便利,利用软件将纸质地图转化成数字地图,随时根据变化和缺陷修改数字化地图,为工程建设提供准确的资料。很多的实际应用案例可以证明数字近景摄影测量技术作为一种先进的技术手段解决了工程测量中的一个个难题,例如困难山区山高坡陡处、川藏无人区等极端地理环境中,近景摄影测量的高效便捷显示了其独有的优势,使以往困难区域测量的许多不可能成为可能。总之,数字近景摄影测量技术作为工程测量的技术实施方法极大地拓展了工程测量的应用。

四、在工业领域的应用

(一)在工业摄影测量中的应用

1. 工业测量介绍

工业测量的目的是解决工业部件设计、仿制、检测、安装、放样、质量控制和动态监测中与目标的形状尺寸及运动状态等相关的问题。工业测量的主要应用领域包括:汽车、飞机、造船工业及大型精密部件等在制造、组装过程的测量与定位;工业用机器人的检测;卫星接收天线的面型精度检测;生产自动化流程、生产过程控制,产品质量检验与监测的动态测量;负荷试验中的形变与应变测量等。

数字近景摄影测量在工业检测与质量控制中可以发挥非常独到的作用。例如,结合金属板材上的网格印制技术,对变形后的零件进行多角度拍照测量,可以检测零件的三维变形情况,从而进行冲压模具检验,优化冲压工艺;在飞机等大型产品的装配过程中,应用数字近景摄影测量可以实现实时的高精度装配定位,在待装配零件上布置特征点,利用数字近景摄影测量得到这些特征点之间的位置关系,进而基于这些位置关系与已知零件位置关系之间的偏差来调整待装配零件的相对位置,从而实现准确装配定位。

摄影测量技术以其特有的优点日益受到工业部门的重视,并已开始应用于国民经济、科学研究、国防建设各领域。随着高新技术的发展,尤其是制造业的飞速发展和产品质量控制体系的完善,人们对几何尺寸、形状及位置的检测精度、速度和效益提出了越来越高的要求。基于数码相机的数字工业摄影测量技术在工业测量中也不断发挥其特殊的作用。

2. 数字工业摄影测量系统介绍

数字工业摄影测量属于近景摄影测量范畴,利用数码相机对被测目标拍摄像片,通过数字图像处理和摄影测量处理,获取目标的几何形状和运动状态。数字工业摄影测量系统是以数码相机为主要传感器,附以核心处理软件构成的工业三维坐标测量系统。它是基于数字近景摄影测量的基本原理、融合计算机视觉的相关理论,应用计算机技术、数字图像处理技术、模式识别等学科的理论和方法,利用数码相机获取被测目标的数字图像来得到目标点的空间三维坐标从而完成对被测工业目标的测量。

数字工业摄影测量系统的测量方式可大致分为使用单台相机的脱机测量和使用双相机(多相机)的联机测量两种。脱机测量方式采用 1 台相机作为传感器,采用手持方式在多个位置以不同姿态获取被测目标图像,再将图像导入计算机中处理以得到测量点的三维坐标,一般用于大尺寸、静态目标测量。联机测量方式则采用2台或多台相机连接计算机组成测量系统,各相机间的相对位置、姿态经严格检校。测量时各相机同时获取图像并传输至计算机,经实时处理后得到测量点三维坐标,适用于小尺寸目标测量,也可用于动态变形测量。

3. 数字工业摄影测量应用现状

在国外,从20世纪60年代开始便有学者对近景摄影测量的相关理论、算法及硬件进行研究,并逐步将其应用到工业测量领域。到90年代,随着计算机技术的快速发展和日益普及,工业摄影测量技术逐渐步入数字化时代。到目前为止,已有多家公司推出了自己的数字工业摄影测量系统,比较典型的有美国大地测量公司(GSI)的V-STARS系统、挪威Metronor公司的Metronor系统、德国Gom公司的TRITOP系统、德国Aicon3D公司的DPA-Pro系统、比利时Metris公司的Metris K600 Krypton K600 DMM系统等。

国内对近景摄影测量的研究始于20世纪70年代,在其后较长一段时间内,由于工业制造水平的限制,相关工业部门对先进测量技术的依赖程度不高,从而使得摄影测量技术迟迟未能深入到工业测量领域。到80年代末、90年代初,国内的摄影测量工作者开始关注国内高精度工业摄影测量技术的发展,对国外相关理论及工程实践进行研究,并针对近景摄影测量技术如何应用到工业测量领域提出了一系列创新理论。近年来,随着国内工业尤其是重大基础装备工业的飞速发展,工业部门对高精度测量技术的需求越来越迫切,国内许多高校和研究机构在相机检校、测量标志设计以及数据处理等方面的研究日益深入,并逐步推出各自的工业摄影测量系统。

采用"短基线、多影像前方交会"理论的近景摄影影像匹配技术,可自动、快速生成可量测的区域三维数字表面模型,可广泛应用于水利电力、地质、文物保护、地理信息系统、城建、交通、房产、规划等全过程,它已在国内外众多数字工业摄影测量系统中得到广泛应用。例如,北京市测绘院用于测绘大型飞机外形;建设综合勘察研究设计院有限公司用于香港宝莲寺天坛大佛建造工程;武汉测绘科技大学用于葛洲坝船闸变形监测;武钢"4号高炉"煤气管道变形监测等。

在工业摄影测量方面,武汉大学冯文灏教授对相关基础理论进行了部分研究,天津大学、北京航空航天大学、国防科技大学等单位在小尺寸目标的计算机视觉测量方面进行了相关研究。天津大学精密测试技术及仪器国家重点实验室研发的激光视觉在线检测系统,已成功应用于夏利、一汽大众等车身生产线的在线测量,该系统由几十个视觉传感器组成,基于视觉测量原理完成对目标点的测量,其特点是测量速度快、系统综合误差小。西安交通大学在国家"863"项目"大型复杂曲面产品的反求和三维快速检测系统研究"的基础上,推出了基于数码单反相机的XJTUDP三维光学点测量系统,以及相应的静态和动态变形分析软件,该系统可用于汽车工业、航空航天工业、船舶工业、建筑工业等领域。信息工程大学测绘学院在工业摄影测量理论研究和工程应用方面做了大量工作,先后完成了口径天线测量、口径星载可展开式天线测量、机载工基线动态测量等工业测量项目,先后完成了"探月工程"50 m测控天线精密安装与校准测量、星载可展开式天线测量、星载天线真空条件下高低温检测等多项高精度工业测量任务。经过多年的研究实践,在理论和工程实践方面积累了丰富的经验。

(二)在反向工程中的应用

反向工程是根据现有的产品模型,利用数字化测量设备获得实体数据,然后对这些数据进行拟合,构建一个完整的模型,继而将这些模型和设计参数用于产品的分析和制造,并且可以通过对重构模型特征参数的调整和修改来达到对实物模型的逼近和修改,以此制造出新的产品,满足产品更新速度越来越快的要求。

在反向工程中,许多实物模型具有非常复杂的自由曲面,其设计表达和数学模型的建立是非常困难的,为了拟合实体的自由曲面,首先要将曲面离散成一系列数字化的点,通过扫描测量,获得大量的曲面坐标点,然后经过数据处理,使之转化为数字化的点,最后将物理模型转化成模型。

随着计算机科学的兴起和发展,现代曲面检测技术的研究集中于非接触光电三维快速检测方面,近年来出现的主要的非接触检测方法有激光扫描法、结构光法、摄影测量法以及光学传感器法和工业法。近景摄影测量、数字摄影测量技术利用各种摄像机获取物体从不同方向拍摄的两幅或两幅以上的二维图像,利用空间交会原理,以及相对定向和绝对定向等方法综合出物体的三维曲面轮廓。测量系统的结构简单,便于移动,数据采集快速、便捷,操作方便和成本较低,具有在线、实时三维检测的潜力,尤其适合于大型工件轮廓的检测。

(三)在火焰监测中的应用

燃烧过程是现代工业生产中的一个重要环节,必须进行正确的监控。但是,准确地监测火焰的动态并及时获取火焰的走势却是当今一项既重要又艰难的课题,它不仅要求进行单点测量,而且还要获取火焰二维乃至三维的动态分布信息。例如:Lensphoto 多基线数字近景摄影测量系统,能便捷获取高精度的 RGB 点云 DSM,继而生成高分辨率的 DOM 及纹理模型,易于可视化地观测火焰的变化状态,其对影像数据生成高质量火焰 RGB 点云(见图 5-10)DSM 以及三维模型(见图 5-11)。

图 5-10 RGB 点云

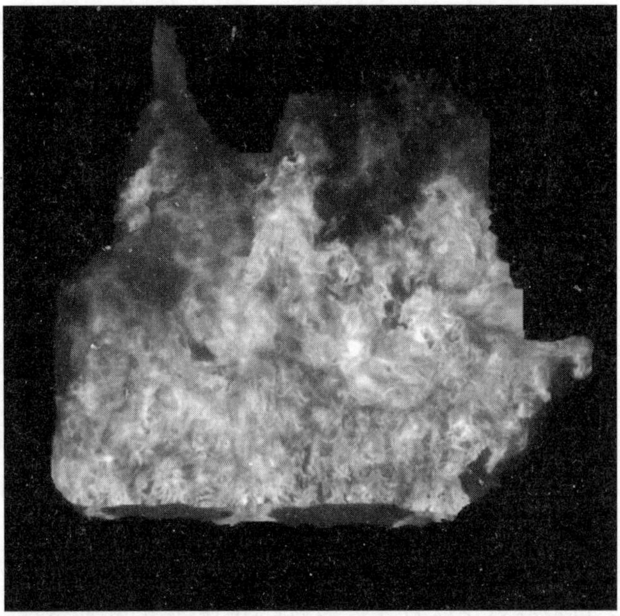

图 5-11 三维模型

五、在城市建筑物三维重建领域的应用

(一)基于近景摄影测量的三维重建

三维城市建模是数字城市的重要内容和必要步骤,数字城市的建设要求建立三维城市模型和真实的纹理描述,作为城市其他信息的空间定位和载体。传统的三维建模通常使用3DMax 等建模软件,基于 CAD 二维矢量图、影像数据或者手工拍摄的照片估算建筑物的结构信息进行人工建模。该方法制作的模型外观美观,但建模过程中需要大量的人工干预,制作周期较长、成本高。城市内存在着数百乃至数千的建筑物,单纯依靠人工来完成众多建筑物的几何建模及墙面纹理影像的采集、粘贴等工作将是极其耗时、耗力的烦琐过程。近景摄影测量是针对同一地物近距离拍摄具有一定重叠度的多幅影像,获取物体的三维空间信息,通过对拍摄的影像进行自动匹配、空三解算、生成点云和纹理映射来构建三维模型,建模自动化程度和精度较高。

(二)基于多源数据融合的三维重建

根据数据源的不同,目前建筑物三维重建技术主要分为人工建模、三维激光扫描建模、基于航空摄影测量的三维建模、基于低空摄影测量的三维重建和基于近景摄影测量的三维重建等几类。

随着影像分辨率的不断提高,影像能够更加准确地描述地面目标的细节,而且能够精确定位影像中的边缘特征,然而,由于地面场景的复杂性,以及视点、光照、遮挡、噪声及影像自身状况的影响,仅仅依靠影像数据进行三维重建时,在影像特征提取和特征匹配等过程的可靠性和自动化程度上存在问题。三维激光扫描技术可以快速、连续地获取物体表面的三维点云数据,该方法具有非接触、高精度等优点。三维激光扫描的点云数据能够为建筑物的三维重建提供可靠手段,利用局部范围内的三维点云能够对目标表面起伏状况进行有力的表达,为建筑物三维重建的分析提供可靠手段,但是点云数据自身也存在着一些不足,包括限于点云间距的问题,不能够对建筑物边缘进行精细表达以及缺乏目标表面纹理信息的描述,无法构建逼真的模型以及数据生产周期长、效率低,适用于小范围场景的精细模型构建。

航空数字摄影测量技术获取的影像地面分辨率高、覆盖度广、成本低,为数字城市三维数据获取提供了一种有效的方法,但航空摄影测量缺乏建筑物的立面和墙面纹理,在建筑物密集区会有遮掩,不能有效提供建筑物立面信息。中高空摄影测量能够得到地面高程信息、地物地貌信息,能获得部分主体建筑的高度信息和顶部纹理信息,对有明显轮廓的建筑物能提供较高的三维重建精度。但由于受航高和空间摄影姿态限制,不能有效提供建筑物立面纹理信息,在建筑物密集区会有遮掩,需配合其他数据进行补充。

通过低空飞行器,例如无人机、无人飞艇等获取影像数据,具有成本低、操作灵活、影像清晰度高、受天气影响小等特点,尤其适合于小区域的城市航空影像获取。倾斜摄影技术通过多个镜头同步采集影像,具有外业作业范围广、成本低、效率高、影像清晰度高、受天气影响小等特点。但是,地面物体的遮挡会导致建筑物侧面数据缺失,在近地面区域会出现盲区。

随着技术的发展,目前三维重建的发展趋势是将多源数据进行有机联合,采用统一的空间基准及坐标系统进行多源数据联合建模,发挥不同数据的互补特性,有利于提高建筑物三维模型的精度以及三维重建的自动化程度。例如,利用无人机倾斜摄影采集项目区航空影像,用实景采集车及手持式 RTK 相机对项目区进行近地表补测,结合卫星影像资料及规划图件资料,基于多源数据融合建模。

例如,有学者针对古塔的变形监测,采用常规测量、地面激光雷达以及无人机航拍近景摄影测量三种技术手段获取古塔三维数据,在传统测量基础上对激光点云与摄影测量模型进行融合,最后通过融合数据对古塔变形进行了详细分析并得出结论:常规测量方法进行古塔变形监测,具有精度高、应用灵活的特点,适用于古建筑整体姿态的监测,对于精细的结构监测外业工作量较大;地面激光雷达方法监测精度高,但容易受到扫描视角的影响,导致高层扫描数据不完整;利用无人机近景摄影测量技术建立的古塔三维模型精度高、色彩真实,对整体及细节表现好,但是对局部几何精度略低于常规监测方法和地面激光雷达方法。基于数据融合的三维模型能够弥补单一三维测量手段的不足,得到相对完整的古塔三维模型,还可利用影像的丰富纹理信息来提高点云的处理效率。

六、在林业中的应用

为了确切地评价森林对人类社会的公益效能和经济发展的贡献,除应包括它的全部直接产品外,还应包括各种间接效益,如涵养水源、保持水土、调节气候、构建森林文化等公益效能。树木年轮宽度、郁闭度、土壤侵蚀、立木材积、生物量、叶面积、植被盖度等因子关联森林公益效能诸多方面,在开展林木年生长量动态规律、涵养水源、林分结构、固碳释氧、降尘除噪、净化空气等多个方面都有应用。

(一)在植物生长量监测中的应用

生物量或对植物专称植物量,是指某一时间单位面积或体积栖息地内所含一个或一个以上生物种,或所含一个生物群落中所有生物种的总个数或总干重。某一时限任意空间所含生物体的总量的值用重量或能量来表示,用于种群和群落,通常用鲜重或干重来衡量。植物群落中各种群的植物量很难测定,出于经济利用和科研目的的需要,常对林木和牧草的地上部分生物量进行调查统计，据此可以判断样地内各种群生物量在总生物量中所占的比例和生长状况等。目前，计算小型植物生物量比较常用的方法是样方取样法，它可以取得群落结构、组成的定量数据，是研究植物群落数量特征的主要方法，它所获得的第一手资料详细、可靠，可作为其他调查方法的基础。

利用传统的方法进行生物量量测存在许多缺陷。首先，进行生长量量测需要获取不同时期样本生物量变化数据，由于群居植物的密集生长性，进行单株量测存在许多困难。传统的方法会对原样本造成破坏。因此，如果能找到一种非接触高精度的量测手段，将会对植物生长量量测提供帮助。作为非接触性量测手段，近景摄影测量也渐渐被引用到生物学研究中来。使用近景摄影测量进行生物量监测，是通过拍照和数据处理进而获取样本植被的体积变化量，从而间接地获得生物量。基于近景摄影测量计算植被生长量的过程如下：首先拍摄样本影像，获取控制点坐标，通过影像相对定向、模型连接、绝对定向、光束法平差等步骤获得植被的数字表面模型（DSM），由 DSM 计算样本的体积，最终得到两期植被样本体积变化量。

（二）近景摄影测量用于测树因子的测定

测树因子主要包括测定立木的胸径、树高以及树冠、树径等数据。传统的测树方法是用轮尺、直径卷尺、围尺等测量树的胸径，对于树冠的测量就显得无能为力。全站仪等方法对观测环境也有一定要求，当林内观测环境不够开阔，树干相互遮挡时，测量方法受到诸多限制，不仅效率低，而且量测、读数、记录的过程。

随着精准林业、数字林业等概念的出现，森林资源调查和监测不断向精准化、数字化的方向发展，如何对单木和林分实现无损伤且精准的量测成为首要必须解决的问题，这对于测量仪器也提出了更高的要求。现代科学技术的发展，推动了森林资源调查方法与技术的改革与发展，形成了基于航天遥感、近景摄影测量等技术的森林资源动态监测技术体系。

对于树木直径的量测，传统方法仅可提供固定部位直径的量测值。近景摄影测量系统可以对树木进行多角度拍摄测量，获得多幅点云数据，然后将几个测站数据拼接后整体平差，建立起树木的三维模型，从而可以提供更多部位直径的量测值，为研究树干形状、树冠因子等提供了依据。采用近景摄影技术，可以通过照片提取测树因子数据信息，通过建立样木的三维立体模型，利用立木材积方程来估测立木材积。

七、在滑坡监测中的应用

滑坡是一种常见的自然地质灾害，滑坡引起的山体垮塌以及暴雨后形成的泥石流常给国家建设及人民生命和财产造成严重损失。如果能够对滑坡进行监测，实现滑坡危害的早期预报，就可以最大限度地减少和防止滑坡所造成的损失。

国内外常用的滑坡变形监测技术主要包括非接触式变形监测和接触式变形监测两大类。接触式变形监测技术是在监测仪器的感受元件与被测物体表面接触的情况下进行测量的一种监测技术，主要由传统大地测量技术、GNSS 监测技术、内观量测技术与光纤监测技术组成。

传统大地测量技术主要通过应用传统测量仪器，例如经纬仪、水准仪、全站仪等，实现变形监测。以 GPS 监测技术为代表的全球导航卫星系统（GNSS、GPS、GALLIEO、GLONASS、COMPASS 等）监测技术以其高精度、测站之间无须通视、全自动、全天候监测等优点，已被广泛应用于滑坡变形监测领域。

以上方法在实际应用中存在的问题如下:传统大地测量技术操作简单、理论方法成熟。但该方法易受气象条件和地形的限制,监测时间长、连续观测能力差,难以达到连续监测和自动化监测的需求。GPS 能实现大范围的连续测量,点与点之间无须通视,可全天候、实时观测,且不受天气影响。但是该方法存在测量成本高、数据解算复杂、在复杂的野外环境下难以施测等问题。总之,上述方法只能进行单个点的孤立监测,不能进行面域测量,从而获得更为丰富的观测信息,某些区域可能存在着潜在危险而无法直接使用传统的观测手段进行测量。

与接触式变形监测手段相比,基于近景摄影测量技术进行变形监测是一种非接触式变形监测手段,在滑坡监测领域得到了广泛的应用。该方法利用量测相机或非量测相机,采用旋转摄影或平行摄影的方式对被监测区域进行摄影,获取被监测区域的三维表面点云模型,通过自动匹配两期影像控制点,将监测区域多期的点云数据转换到同一个坐标系中,然后分别生成 DEM 模型,并对多期 DEM 模型进行叠加,计算全局变化量以及局部变化区域的位置、面积等参数。与传统监测手段相比,近景摄影测量的非接触量测方式,可以实现快速实时观测、面状观测,且以数字化方式存储,其输出的数据成果具有可溯源性,可针对模型中任意点、任意区域进行分析对比。

第六章　近景摄影测量工程应用案例

第一节　数据采集与处理流程

一、现场考察

拍摄之前应对测区现场进行考察，为后续的影像采集和控制点布设做准备，主要包括以下内容：

(1)被拍摄物体周围环境考察。

(2)选择拍摄距离和拍摄地点。

(3)根据被拍摄物体特点和拍摄距离选择合适相机镜头。

(4)根据外业环境情况，对相机进行相关设置。

(5)根据相机的视场角和被摄物体成像范围、精度要求、成图比例设计控制点分布草图等。

二、控制点布设

一般而言，对于地形测量，只需在被测区域四个角点周围布设控制点，即可满足大比例尺成图。

(1)如果区域较大，地形比较复杂，可在测区中间均匀添加少量控制点，如图6-1所示。

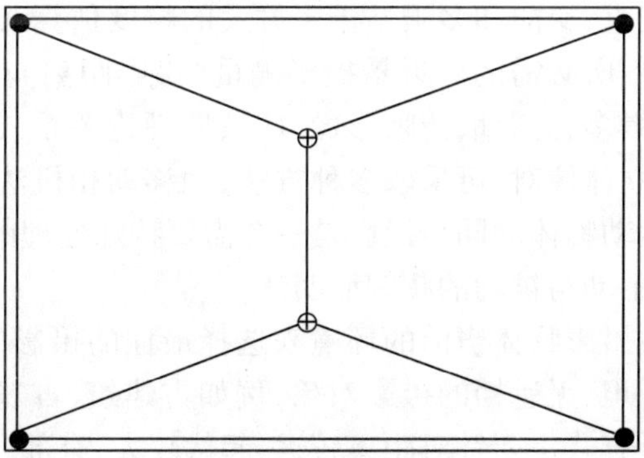

图6-1　控制点布设

(2)如果拍摄对象面积大且高度大，需要拍两排或多排照片(多个测区)，则要保证相邻两排影像间有一层公共控制点(三个以上)，作为两排影像的连接点和控制点(单个测区控制点的布设至少要分为上、下两层，才能控制整个测区)。如图6-2所示，为上、下两个测区的控制点分布图,图中点5、6、7为测区一和测区二公共的控制点和测区间的连接点。

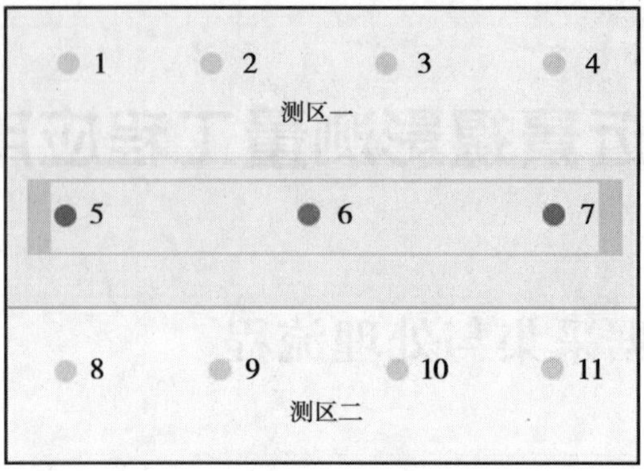

图6-2　多测区的控制点布设

(3)对于变形监测,需要在被测区域外四周布设四个(均匀分布)以上不变化的控制点,控制点数量应多于地形测量,以提高精度。

(4)对于特别困难,人工无法布设控制点的区域,可采用无棱镜采集特征点来取代控制点的方式,从而降低外业劳动强度、危险系数。

(5)关于特征点的选择要求,因为人工无法布设控制点,为了保证精度,降低人工误差,特征点要避免突出的岩石尖端,因为易散射和折射反而大大影响精度,要选较平处两种明显的色块交界处,如图6-3所示。

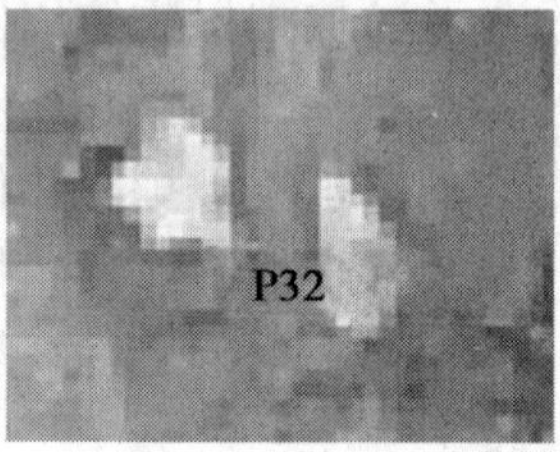

图6-3　特征点布设

三、影像数据采集

(一)摄影方式

近景摄影测量中基本摄影方式是正直摄影方式与交向摄影方式,其他摄影方式如多摄站摄影方式、框架四片摄影方式以及常规的区域摄影方式等,被认作是基本摄影方式的演变,以区别航空摄影。正直、交向和多摄站摄影方式的精度估算式是近景摄影测量设计、检校和精度预估各工作流程所必需的。近景摄影测量"摄影距离与被测物深度差的比值"常常比航空摄影测量要大得多,为获取清晰影像,应按照理论关系式正确操作。同时,近景摄影测量为获取被测物的立体像对,可采取多种方法,如移动相机法、移动被测物体法和旋转被测物体法等。另外,运动物体的同步摄影是一个需要特殊处理的问题,可采用的方法有同步快门法、计时装置法、主动与被动的频闪照明法。

在拍摄时,应根据被摄影物体当前的环境来选择最佳的摄影方式。平行摄影方式主要针对距离较近、表面较平坦、无遮挡的摄影对象,例如古建筑、古遗址、文物器件、建筑房屋、坑道、隧道等。旋转摄影方式主要针对距离较远、起伏较大、有部分遮挡、远景近景变化较大的摄影对象,例如地形测量、选址测量、滑坡检测、边坡测量等。

正直摄影和旋转摄影两种方式的摄影方法如下。

1.正直摄影

(1)基线的确定:正对物体拍摄,以第一张和第二张影像为基准,确保两张影像间80%以上重叠度,基线长度即为第一摄站与第二摄站间的距离。

(2)拍摄时,相机正对被摄物体,每个摄站只拍摄一张影像,相邻摄站影像间保证 80% 以上的重叠度。拍摄图如图 6-4 所示。

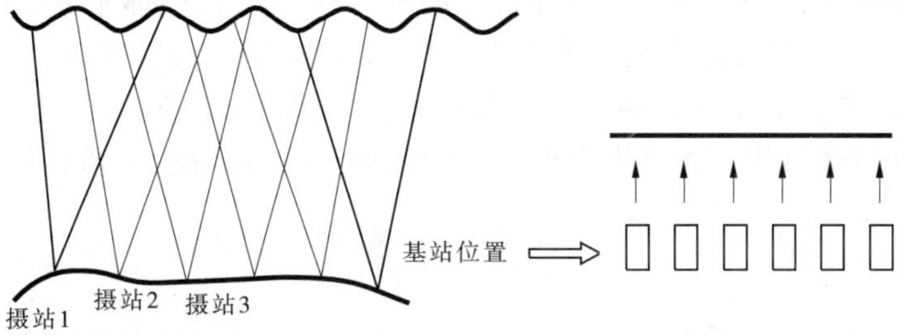

图 6-4　正直摄影

2. 旋转摄影

(1)基线的确定:基线长度为摄影距离的 1/10 左右,总基线长(第一站到最后一站距离)为摄距的 1/4 ~1/2。

(2)同一摄站,相邻两张影像间保证 60% 以上重叠度,各摄站拍摄影像数相同,保证不同摄站相同序号的影像几乎是同一个区域,为 90% ~100% 的重叠度,每个摄站拍摄的起始边界、末边界相同,拍摄图如图 6-5 所示。

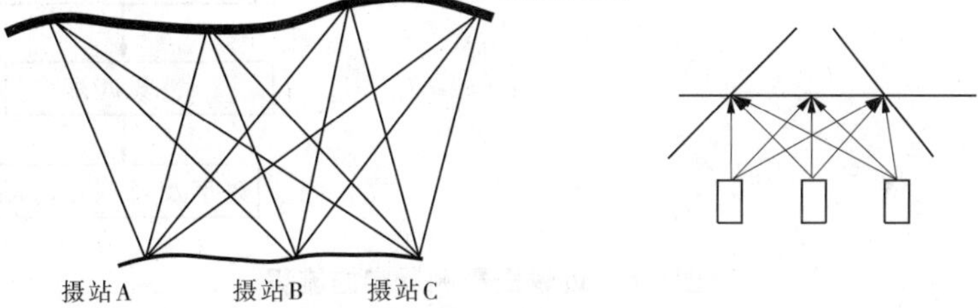

旋转摄影—不同摄站对同区域所拍摄的范围完全相同

图 6-5　旋转摄影

旋转摄影摄站个数应为 3 ~5 个,4 个摄站最佳,每个摄站影像数目要完全一致,至多不超过 9 张。拍摄时,自被摄影物体从左向右拍摄,每个摄站的照片也要从左向右拍摄。

(二)摄影基本原则

无论是平行摄影还是旋转摄影,在影像采集时,都必须满足以下要求:

(1)摄站个数至少保证 3 站(多基线),自被摄物或区域从左向右摄影。

(2)被摄物必须充满相机像幅的 80% 以上(天空或无用区域不要占过多画面),否则更换镜头或改变摄影距离来进行调整。

(3)为避免拍摄影像变形过大,保证摄影有效,拍摄仰角不宜超过 45°,对于较高的被摄影物体,应设法扩大拍摄距离,降低仰角,此时更换长焦镜头即可。

(4)若被摄物有转角,为保证匹配,应分为 2 个工程拍摄,并在影像采集时,保证相邻测区之间 30% 以上的重叠度,且转角处布设几个控制点作为连接点。

四、近景摄影测量实施流程

以 Lensphoto 软件为例,近景摄影测量数据的内业处理的整体流程如下:首先将外业采集的影像数据和控制点坐标数据导入计算机，利用软件建立工程，进行相机标定，对像片进行航带划分，然后使用空三匹配模块添加种子点，自动进行序列影像内部同名点和航带之间连接点的匹配和传递，同时进行控制点量测，利用平差模块进行整体平差，之后进行空三加密，生成密集点云。然后对影像进行畸变差纠正以消除影像畸变差，进入立体编辑对点云数据进行必要的编辑，之后生成三角网，建立三维模型，自动生成 DEM，自动生成等高线及三维景观图，最后进行立体测图，最终生产出需要的比例尺的线划图，其流程如图 6-6 所示。

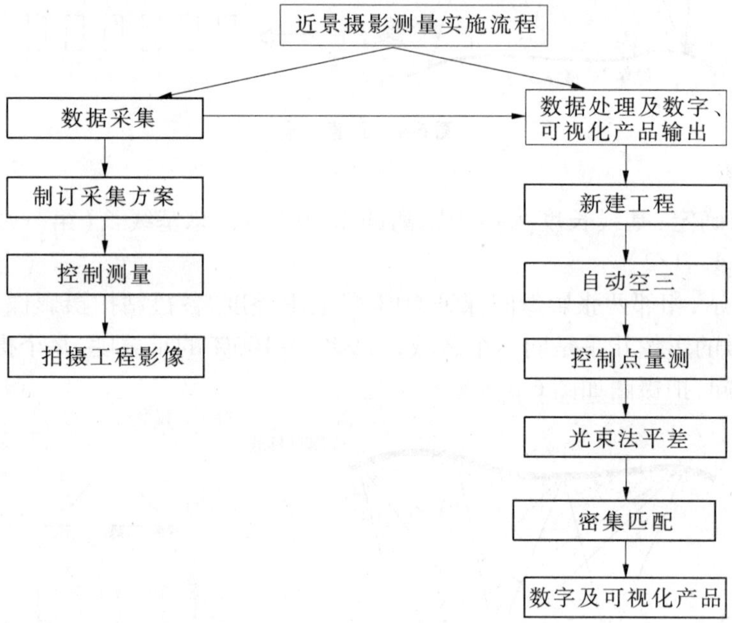

图 6-6　近景摄影测量实施流程

第二节　文物数字化工程案例

建立高精度、高清晰的馆藏文物数字三维模型，在博物馆档案建设、文物研究与保护等方面具有非常重要的意义。三维模型能够永久保存，且不受时空限制，能随时随地、全方位的展示文物细节，减少实体文物的使用次数，当文物意外受损时，三维模型为文物修复提供依据，在修复过程中，借助三维模型模拟修复，可避免直接不当操作对本体造成损坏。为加快博物馆数字化进程，需要研究低成本、精确、高效、便捷的馆藏文物三维测量与重建方法，本节介绍基于近景摄影测量技术进行文物三维重建的案例。

一、大足石刻石门山 6 号窟左立面三维重建

（一）工程概况介绍

以大足石刻石门山 6 号窟为例，介绍基于近景摄影测量的文物三维重建实施过程。石门山石窟第 6 号窟为洞窟表现形式，高 302 cm、宽 350 cm、深 579 cm，刻于南宋绍兴六年至十年（1136～1140 年），是宋代石窟中的精品佳作。

（二）影像采集

影像采集过程中选取的相机型号和拍摄方式如下：

（1）相机型号：Canon EOS 5D Mark Ⅱ，像幅 3744 × 5616，像素大小 0.006 4，镜头 28 mm。

（2）拍摄方式：采用平行摄影。

（三）控制点测量

左立面工程共设置 48 个控制点。

（四）成果数据制作

石门山 6 号窟左立面自动融合的 RGB 彩色点云，如图 6-7 所示。

图 6-7　RGB 彩色点云

石门山 6 号窟左立面三维模型，如图 6-8 所示。

图 6-8　三维模型

石门山 6 号窟左立面自动纹理模型,如图 6-9 所示。

图 6-9 纹理模型

石门山 6 号窟左立面正射影像,如图 6-10 所示。

图 6-10 正射影像

石门山 6 号窟左立面数字线描图,如图 6-11 所示。

石门山 6 号窟左立面第 4 尊佛等值线图,如图 6-12 所示。

石门山 6 号窟左立面叠加图(左立面正射影像 + 线描图),如图 6-13 所示。

石门山 6 号窟左立面叠加图(左立面正射影像 + 等值线图),如图 6-14 所示。

石门山 6 号窟左立面叠加图(左立面正射影像 + 线描图 + 等值线图),如图 6-15 所示。

图 6-11　左立面数字线描图

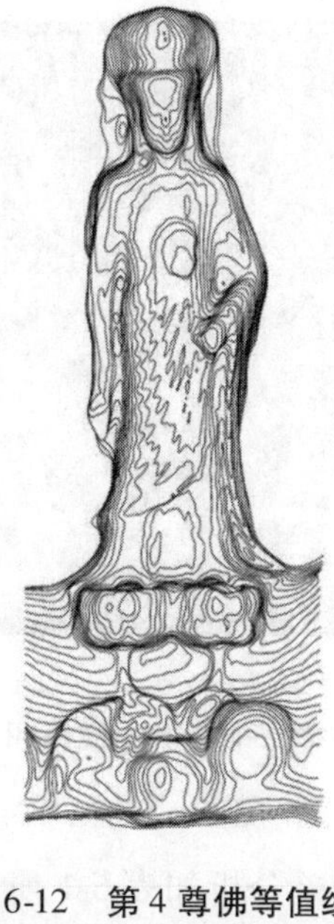

图 6-12　第 4 尊佛等值线图

图 6-13　左立面正射影像 + 线描图

图 6-14　左立面正射影像 + 等值线图

图 6-15　左立面正射影像 + 线描图 + 等值线图

(五)精度评价

本案例的空三精度和单位权中误差分析如表 6-1 所示。

表 6-1　精度分析　（单位:mm）

项目	空三精度			单位权中误差
	$R_{ms\,x}$	$R_{ms\,y}$	$R_{ms\,z}$	
左立面	0.7	0.6	0.5	2.7
右立面	0.2	0.6	0.1	1.8

(六)案例小结

本案例运用数字近景摄影测量技术高效绘制精准、科学、精美的文物矢量数字线描图、精细等值线图、真正射影像图、真三维纹理模型等高保真的文物数字成果,能充分满足存储、研究、保护、修复及展示的需求。

二、云崖寺三维重建

云崖寺位于甘肃省庄浪县城东部、六盘山西麓的关山深处，国家级森林公园园区内，是一处集石窟艺术与天然美一体的风景名胜区，如图 6-16 所示，内有著名的北魏、北周石窟寺群落。为促进景区的进一步发展以及景区的保护，需要进行相关的测量勘测，从而获取云崖寺的立面图、断面图、正射影像图及 1∶200 的线划地形图等数据成果。

图 6-16　云崖寺俯视全景图

（一）影像采集

影像采集过程所用参数如下：

（1）相机型号：Nikon D300，像幅 4 288 ×2 848，像素大小 0.005 5，镜头 50 mm。

（2）拍摄影像：旋转摄影，4 个摄站，28 张影像，如图 6-17 所示。

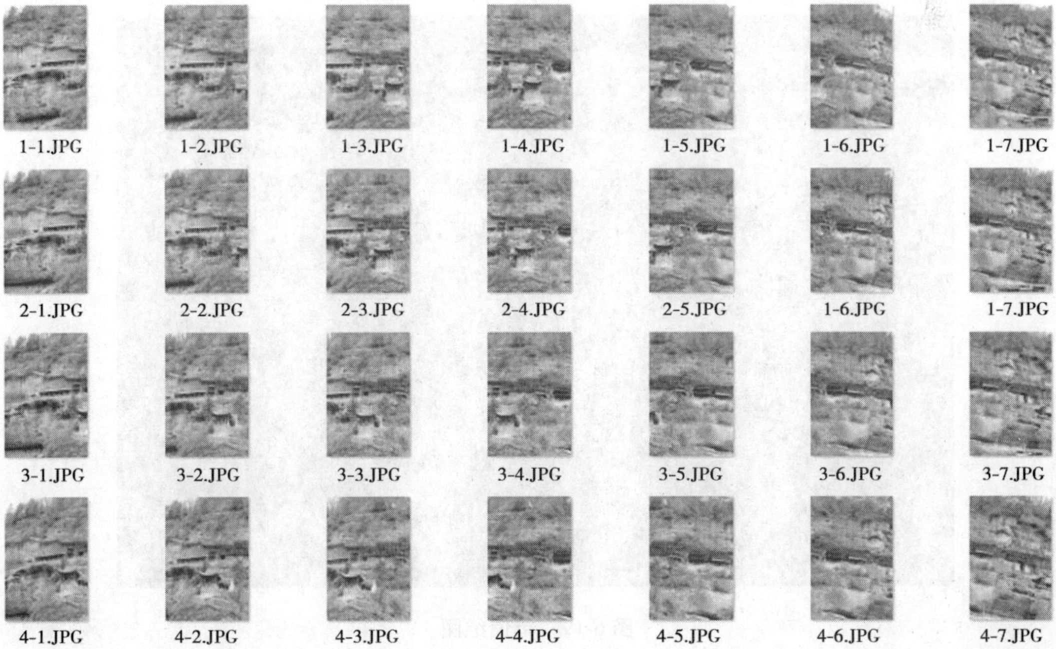

图 6-17　工程影像

(3)拍摄距离:约为 110 m。

(4)摄影范围:测区宽 300 m、高 90 m。

(二)控制点量测

本项目共设置了 14 个控制点。

(三)成果数据制作

(1)将影像导入 Lensphoto 软件,通过自动匹配生成 RGB 彩色点云,如图 6-18 所示。

图 6-18 RGB 彩色点云

(2)生成的 DEM(等值线),如图 6-19 所示。

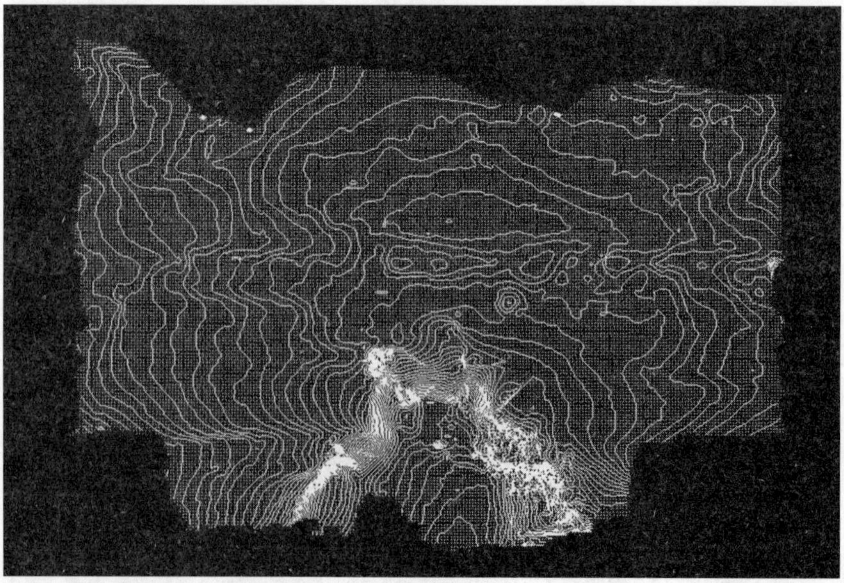

图 6-19 等值线图

(3)生成 1∶200 线划地形图,如图 6-20 所示。

(4)生成正射影像图,如图 6-21 所示。

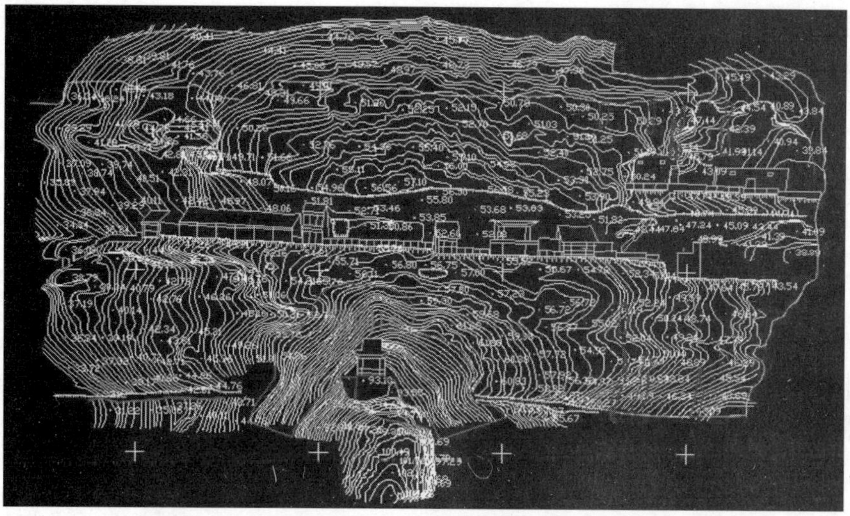

图 6-20 1∶200 线划地形图

图 6-21 正射影像图

(5)生成断面图,如图 6-22 所示。

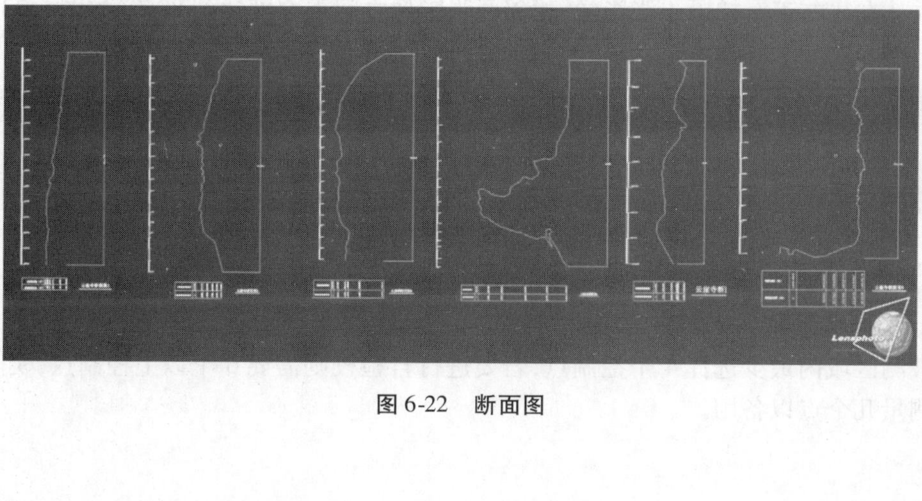

图 6-22 断面图

（四）精度评价

本案例生成的彩色点云的空三精度和单位权中误差分析如表 6-2 所示。

表 6-2　精度分析

空三精度(m)			单位权中误差(mm)
$R_{ms\ x}$	$R_{ms\ y}$	$R_{ms\ z}$	
0.031 5	0.054 8	0.028 4	2.8

（五）案例总结

本案例通过无接触测量自然特征点作为控制点，解决了复杂地形区域外业数据采集难题，近景摄影测量技术实现了高精度无接触测量特征点，并制作 1∶200 大比例尺地形图。

三、精度影响因素分析

数字摄影测量系统测量精度和稳定性受镜头畸变校正、图像处理及边缘检测、标记点中心坐标提取，以及三维坐标解算等各环节中产生的误差的影响，为了提高整个系统测量精度和稳定性，对这些误差源进行分析和处理是十分必要的。

相机的检校过程决定着整个试验结果的精度，一般采用三种方式进行相机检校：第一种是室内检校场检校；第二种是相机检校模块运用计算机屏幕格网检校；第三种就是利用外业控制点进行光束法平差时进行了“在线自检校”。由于相机拍摄时容易受到外界光照的影响，在拍摄的过程中应调整好合理的角度，这样能够尽量有效地减小建模时的误差。

第三节　地形测量工程案例

基于近景摄影测量技术，实现远距离大区域无接触地形测量，使困难的工程测量变得精确而容易。

一、某山坡地形控制测量

（一）影像采集

依次从左往右正对拍摄 4 张影像，相邻两张影像之间重叠度达到 80%，如图 6-23 所示。

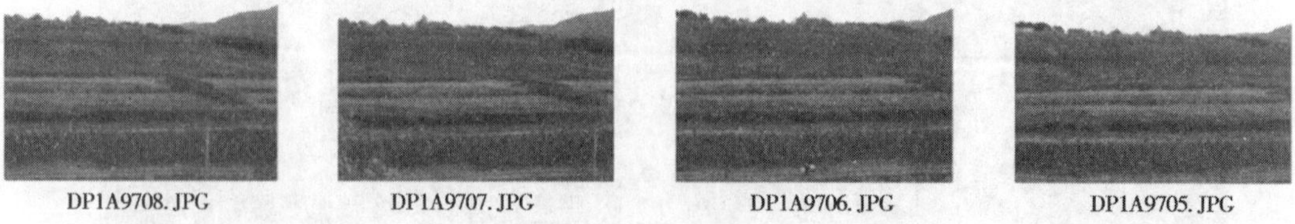

图 6-23　工程影像

（二）控制点采集

在被测区域内最少选择 4 个控制点，若要进行自检校则需要 6 个以上控制点，实际工程中可多测量几个点以备用。

（三）数据成果制作

（1）通过影像匹配得到点云数据，如图6-24所示。

图6-24　RGB点云数据

（2）通过点云生成地形图（1∶500），如图6-25所示。

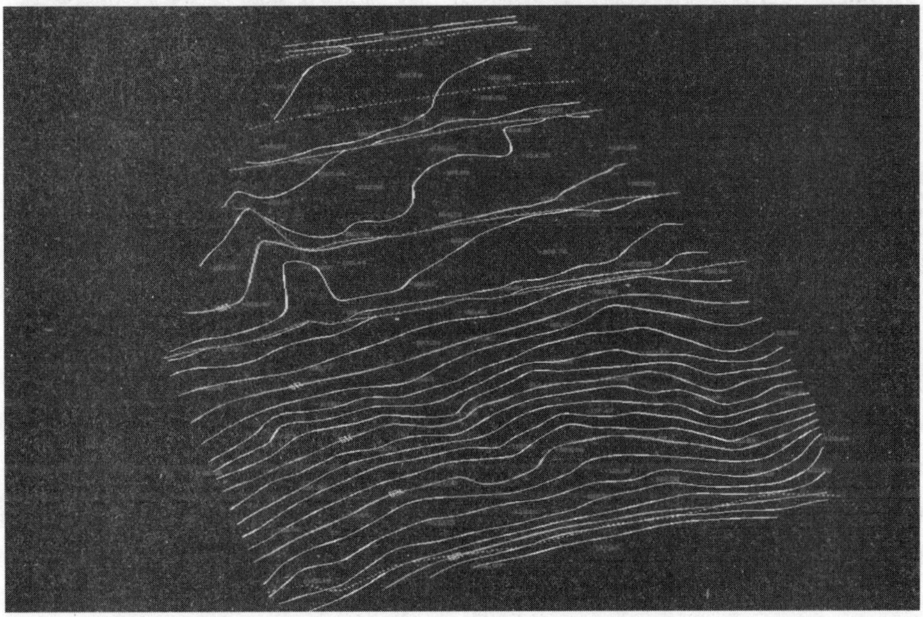

图6-25　地形图数据

（4）不同摄距可选用不同焦距的镜头，大比例尺成图摄距可超2 000 m。

（5）区域工程自动拼接：纵向、横向都可自动无缝拼接，方便较大区域的测量，如图6-26所示。

（6）高精度的无接触测量，困难区域使用特征点代替控制点，生成1∶500地形图，如图6-27所示。

二、远距离地形测量

（一）工程概况介绍

定曲河（又称松麦河）是金沙江上段左岸一级支流，发源于四川省理塘县沙鲁里山主峰

图 6-26　拼接数据

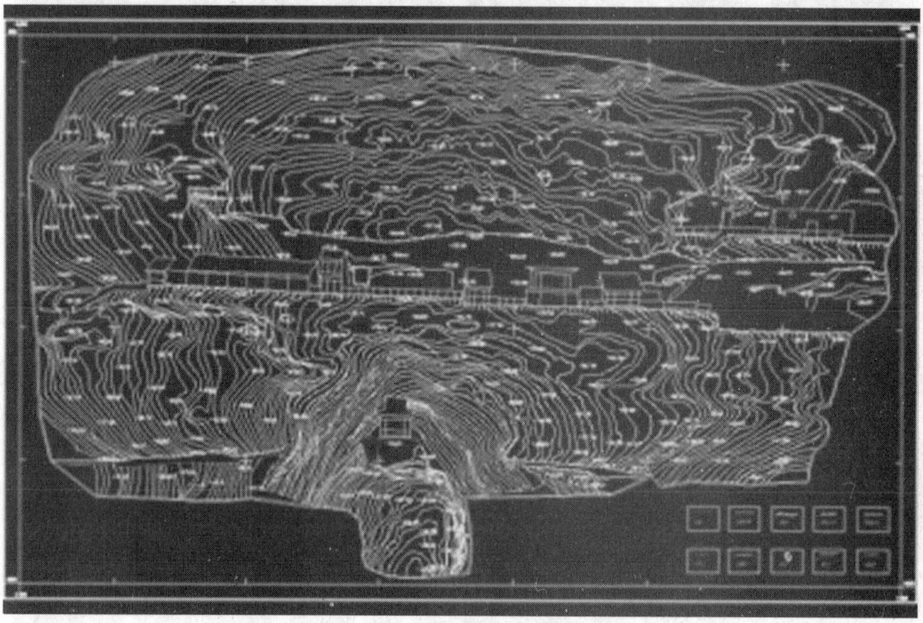

图 6-27　1:500 地形图

格聂山西麓，干流自北向南流经四川省的理塘、巴塘、乡城、得荣等 4 县，在得荣县古学镇汇入金沙江，干流长约 251 km，落差 2 750 m，平均坡降 10.96‰，流域面积 12 163 km^2，年径流量 38.51 亿 m^3。定曲河主要支流有硕曲河和玛依河。本节介绍基于近景摄影测量进行远距离地形测量的过程。

（二）影像采集

影像采集过程中选取的相机型号和拍摄方式等参数如下：

（1）相机型号：Kodak DCS Pro SLR/n，像幅 4 500 × 3 000，像素大小0.008 0，镜头 135 mm。

（2）摄站的选择：摄影距离 1 000 ~ 1 500 m。在公路边约 30 m 高的山坡上共设 4 个摄站，根据地形条件摄站间距取为 85 ~ 100 m，航带每个摄站摄取 9 张影像，共 36 张影像。

（3）拍摄方式：旋转摄影，4 个摄站，36 张影像，如图 6-28 所示。旋转摄影基线的长度（相邻摄站间距）为摄影距离的 1/10 左右，总基线长（第一站到最后一站距离）为摄距的 1/4 ~ 1/2，从而就确定了摄站数量为 3 ~ 5 站。

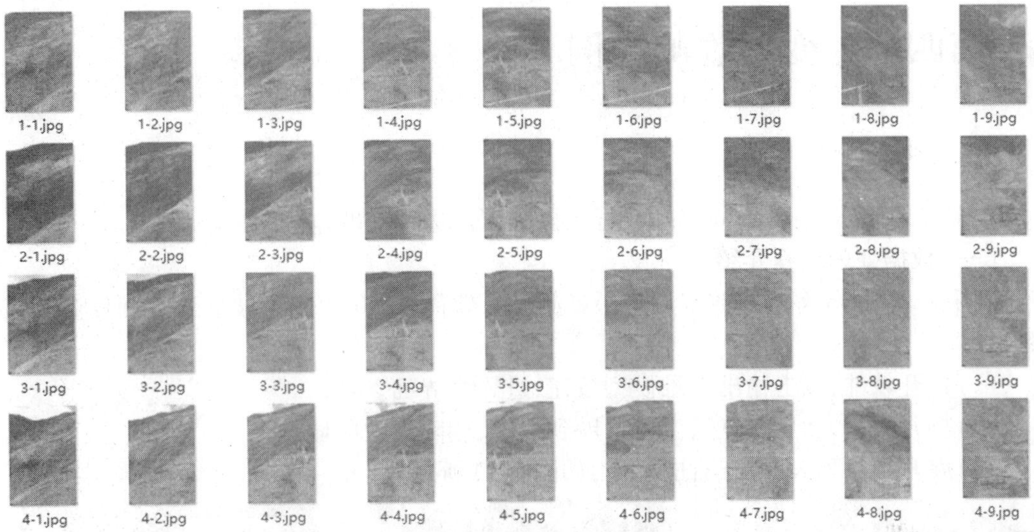

图 6-28　工程影像

(4)重叠度:同一摄站,相邻两张影像间保证60%以上重叠度,各摄站拍摄影像数相同,保证不同摄站相同序号的影像几乎是同一个区域,有90% ~100%的重叠度,每个摄站拍摄的起始边界与末边界相同。

(5)拍摄距离:摄站离被测区域最远距离大于1 500 m;远景与近景之差超500 m。

(6)摄影范围:所测山体面积为宽500余m、高300余m。

(三)控制点量测

共设置16个标志牌,标志牌尺寸为60 cm×60 cm,部分标志牌作为精度检查点。由于测区高度大于300 m,横持相机拍摄,实际像幅高度远小于300 m,则分为上、下两个航带,分别进行数据采集,整个测区(上、下两个航带)控制点分布图分为上、中、下三层控制点。

(四)数据成果制作

影像导入近景摄影测量软件,通过匹配生成RGB彩色点云,如图6-29所示。

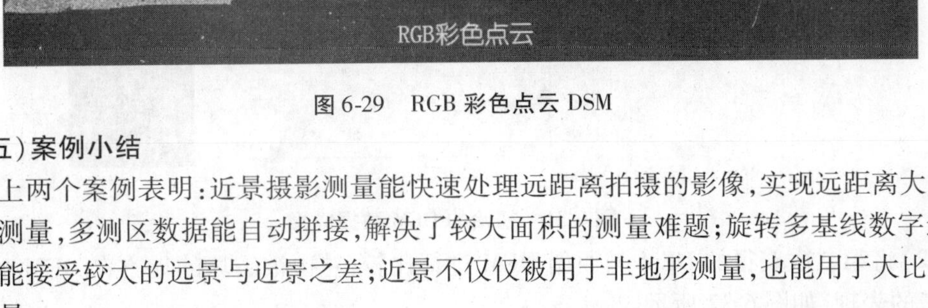

图 6-29　RGB 彩色点云 DSM

(五)案例小结

以上两个案例表明:近景摄影测量能快速处理远距离拍摄的影像,实现远距离大比例尺地形图测量,多测区数据能自动拼接,解决了较大面积的测量难题;旋转多基线数字近景摄影测量能接受较大的远景与近景之差;近景不仅仅被用于非地形测量,也能用于大比例尺的地形测量。

第四节　变形监测案例

一、滑坡监测

本节介绍基于 Lensphoto 多基线近景摄影测量进行滑坡监测的过程。

（一）数据处理过程介绍

利用 Lensphoto 多基线数字近景摄影测量系软件 V2.0 生成边坡的维表面模型，具体步骤如下：

（1）打开软件，点击输出三维模型按钮，进入主界面。

（2）打开工程，然后将点云窗口扩展到全屏，删除无效区域点云。

（3）展开影像列表，打开对应影像，如图 6-30 所示。

(a) 第一次拍摄　(b) 第二次拍摄　(c) 第三次拍摄

图 6-30　工程影像

（4）根据划定区内的点云自动生成当点影像所对应的模型。

（5）将模型窗口扩展到全屏，对三维模型进行浏览。

（二）滑坡监测的过程跟踪

（1）利用 DEM 比较模块进行滑坡监测的跟踪，初始的 DEM 数据成果如图 6-31 所示。

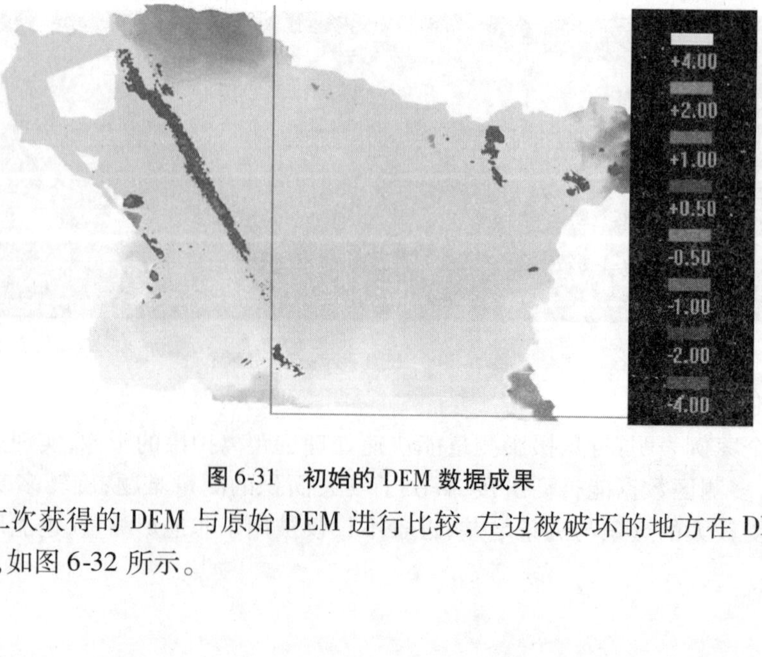

图 6-31　初始的 DEM 数据成果

（2）将第二次获得的 DEM 与原始 DEM 进行比较，左边被破坏的地方在 DEM 对比中有很清楚的表现，如图 6-32 所示。

图 6-32 DEM 对比图

(三)案例总结

(1)采用近景摄影测量可使得边坡监测高效、准确,且操作简单、工作量少。

(2)运用近景摄影测量技术,可对一片测区内的多个点进行测量,弥补了传统监测中单个点测量的局限性,建立的表面模型实现了针对滑坡面的监测,为分析滑坡的稳定性与安全性提供了宝贵的资料。

二、隧道变形监测

随着城市的不断发展,在地铁隧道沿线附近或上方进行非地铁施工的建设项目也越来越多,这些项目存在卸载、加载、抽水、降水或振动等施工程序,它们可能引起地铁隧道结构横截面产生水平位移或竖直位移,或可能引起隧道不均匀纵向变形,影响列车的安全运行,在变形严重的情况下甚至会颠覆列车,引发严重的安全事故。为了确保地铁隧道结构和运营安全,同时为了信息化指导非地铁施工,需对受施工影响范围内运营地铁隧道进行变形变位监测,防止隧道结构局部或整体变形变位扩散,为判断隧道稳定性提供可靠信息。本节介绍基于多基线数字近景摄影测量系统进行隧道变形监测的实施方法。

(一)控制点测量

多基线数字摄影测量布设控制点方法不局限于断面图的要求,布设控制点以生成高精度隧道三维模型为主,可以在后期数据处理时在三维模型上截取断面,所以布设控制点方式较为灵活,可以观察到的断面较多。

控制点数量:1 个单工程布设控制点数量最少只需 3 个控制点,即在 1 个工程至少 4 ~ 6 张影像上量测 1 个控制点,在测区拼接处设置 3 个控制点,如果工程需要相机自检校,需要在单工程中增加 3 个控制点。

控制点布设位置和方式:控制点布设可以选择隧道内靠边墙、拱脚处的点和拱顶处的点,在一个工程中均匀分布,设置较为自由,控制点还可以选择特征点替代标志点进行控制点测量,减少布设标志牌的时间。

本项目的控制点布设图如图 6-33 所示。

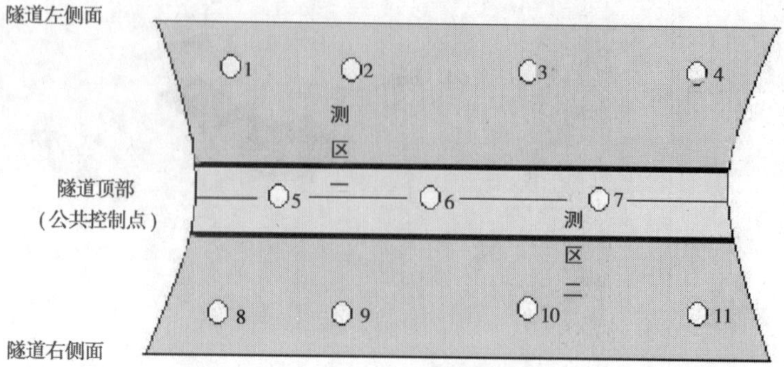

图 6-33　隧道多测区控制点布设图

（二）影像采集

1. 使用定焦单反数码相机拍摄

拍摄方式方法按照近景摄影测量原则，隧道测量是距离较近、表面较平坦、无遮挡的摄影对象，使用平行摄影方式方法。拍摄时，相机正对被摄物体，每个摄站只拍摄 1 张影像，相邻摄站影像间保证 80% 以上的重叠度。

2. 摄影基线的确定

正对物体拍摄，以第一张影像和第二张影像为基准，确保 2 张影像间 80% 以上的重叠度，基线长度即为第一摄站与第二摄站间的距离。

（三）成果数据处理

内业数据处理包括导入外业数据、空三生成点云、法向计算、构网建模、断面提取等步骤。内业数据处理流程如图 6-34 所示。

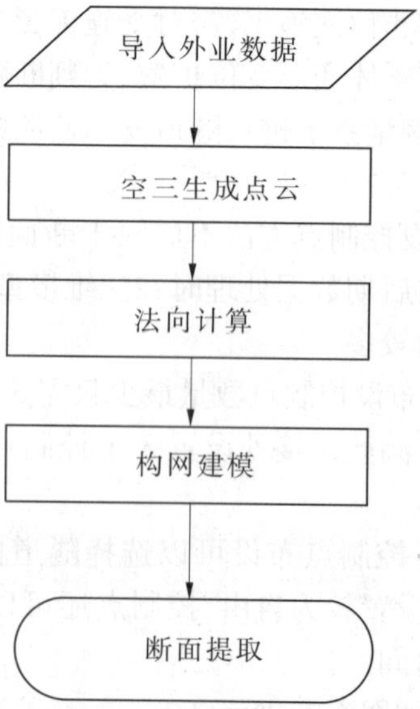

图 6-34　内业数据处理流程

(1)导入外业数据:将控制点测量的控制点数据和外业拍照获得的影像数据以及相机参数导入多基线数字近景摄影测量系统中。

(2)空三生成点云:空三测量及光束法平差生成隧道的点云模型,点云图如图6-35所示,每个点的坐标已知,绝对定向后,点云的坐标与外业控制点的坐标处于同一坐标系。

图6-35　点云图

(3)法向计算:得到带有法向的点云数据,如图6-36所示。

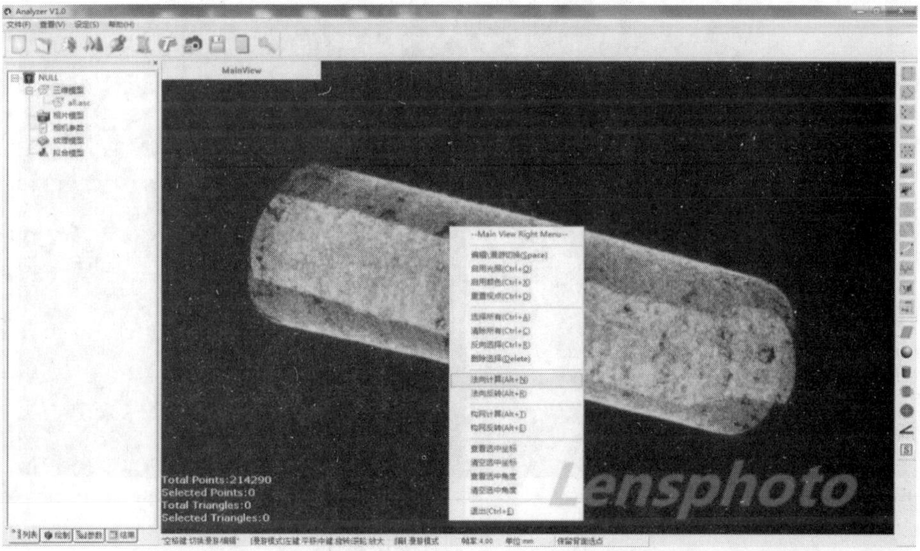

图6-36　法向计算过程

(4)构网建模:对点云模型建立点与点之间的连接关系,构成连接网,生成隧道三维模型,如图 6-37 所示。

图 6-37　构网建模

(5)断面提取:断面提取方式分为 3 点式、自动式和直线式。根据截取断面的实际需要设置层数、间距、位置以及分层方式。如果对多组数据提取相同断面线,需要记住切去第一个数据时设置的平面方式、层数、间距、位置、分层方式等参数,即不同时期的隧道三维模型数据在同样参数设置下,可以提取相同的断面线,并输出 DXF 格式的断面成果。断面提取示意图如图 6-38 所示。

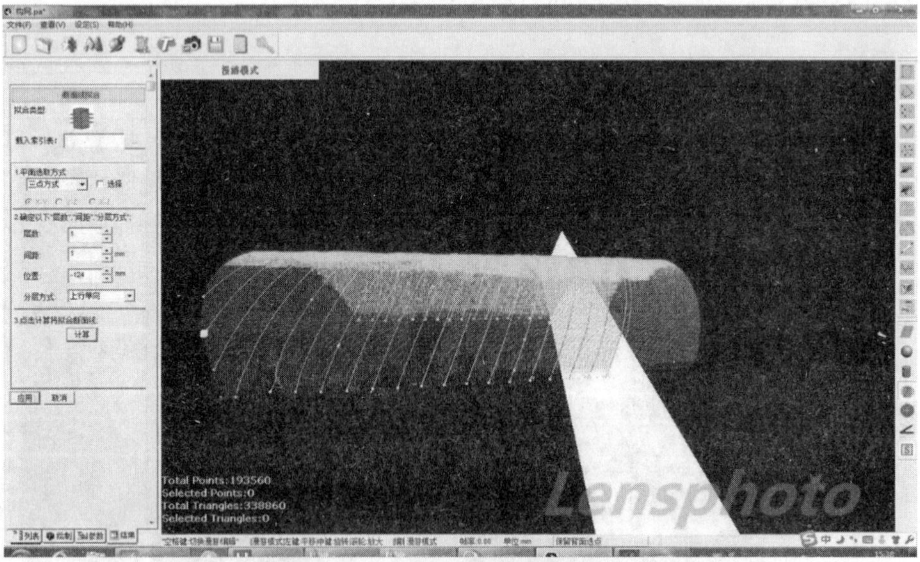

图 6-38　断面提取示意图

(6)断面成果利用。断面图可以在 CAD 中转换成点读取点坐标,不同观测时期可以在相同位置生成断面图进行成果叠加,来分析隧道断面量,如图 6-39 所示。根据设计断面的坐标,即可在生成的三维模型中截取相同隧道断面,CAD 中将隧道断面与设计断面进行叠加,来判断隧道断面的实际衬砌厚度。

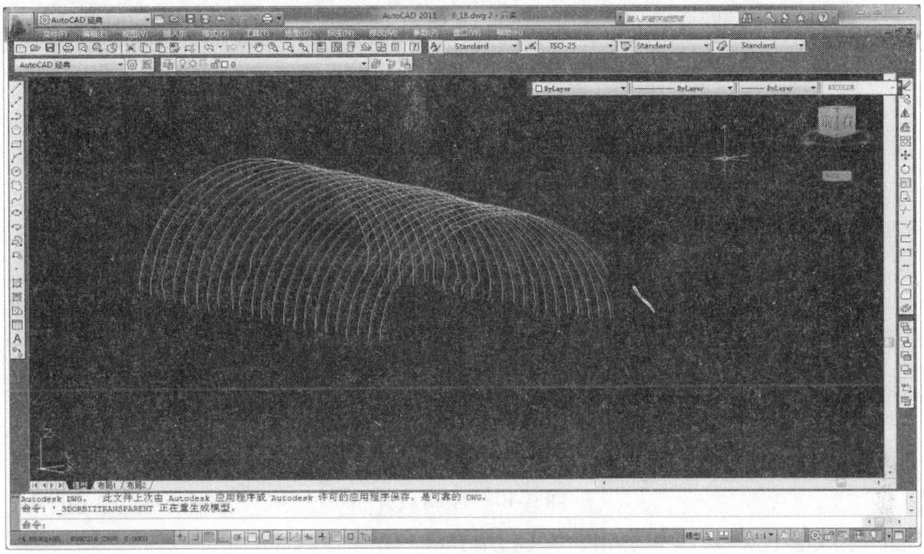

图 6-39　多期断面叠加

(四)案例总结

数据成果精度高,断面成果可以根据需求任意提取,应用范围广,可以监测的变形量范围大大增加,基于多基线数字近景摄影测量实现隧道变形监测具有如下优势:

(1)近景摄影测量提供的基于面的监测数据相较于"点"模式获取的监测物信息更全,基于面数据的变形分析更可靠,并且摄影测量提供的是目视化的数据成果,为变形监测预警带来了极大的便利。

(2)成果应用范围广,输出的隧道断面图数据转换到 CAD 中可以自动获取点坐标信息;输出的隧道断面图数据可以与设计断面的叠加,判断隧道断面实际衬砌厚度;多期断面图叠加可以得到隧道变形量;在三维数据模型中可以实时获得不同位置、不同方向的断面数据供施工人员分析使用。

三、房屋变形监测

近景摄影测量能够针对房屋进行变形监测,本节介绍基于近景摄影测量进行房屋变形监测的实施过程。

(一)数据采集

采用旋转摄影方式采集影像数据,用扫描平台自动拍摄 5 个摄站,在每个摄站用手持控制器将相机先后对准测区左上角、右下角做定位。本项目拍摄距离 157 m,共设置 5 个摄站,采集了 41 张影像。

(二)控制点测量

共采集控制点 28 个,其中 14 个作为检查点,检测精度,实际用 14 个控制点,如图 6-40 所示。

(三)数据处理

将影像数据、控制点数据、相机参数导入数据处理软件 Scanner Project 进行内业处理,

图 6-40　控制点分布

影像匹配后生成彩色点云成果，如图 6-41 所示。

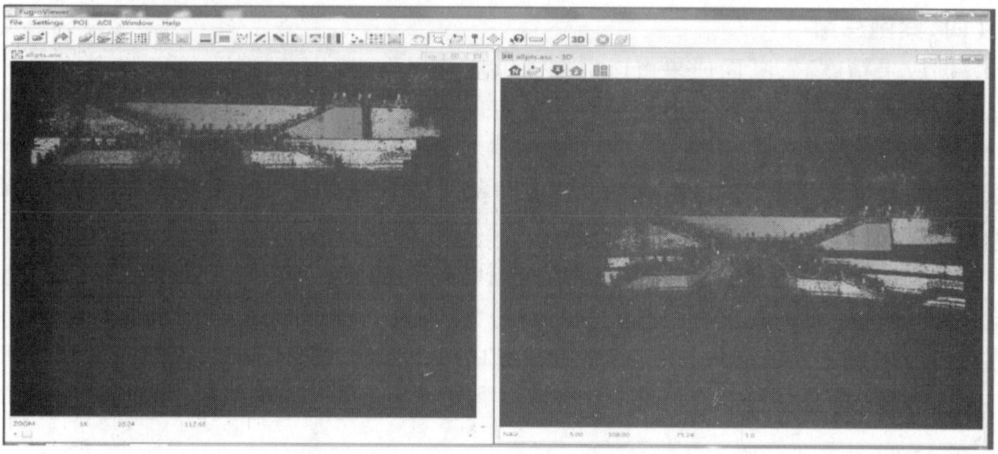

图 6-41　彩色点云成果

（四）精度分析

（1）本项目的 RMS 数据如下：

$R_{ms\,x}$：1.5 mm；

$R_{ms\,y}$：1.2 mm；

$R_{ms\,z}$：2.1 mm。

（2）单位权中误差：2.8 mm。

四、双林寺古建筑变形监测

（一）影像采集

本项目采用的相机型号和拍摄方式如下：

(1)相机型号:Canon EOS 5D Mark Ⅱ,像幅 5 616 ×3 744,像素大小0.006 4,镜头焦距 28 mm。

(2)拍摄影像:采用平行摄影方式对上、下两层进行拍摄:一层分为 2 个工程进行拍摄,工程 1 有 9 张影像,工程 2 有 11 张影像;二层也分 2 个工程进行拍摄,工程 1 有 19 张影像,工程 2 有 14 张影像。

(二)控制点测量

4 个工程共选取 100 个控制点。

(三)成果数据制作

(1)影像数据软件,系统自动生成 RGB 点云,且不同工程的点云可自动融合拼接,如图 6-42 所示。

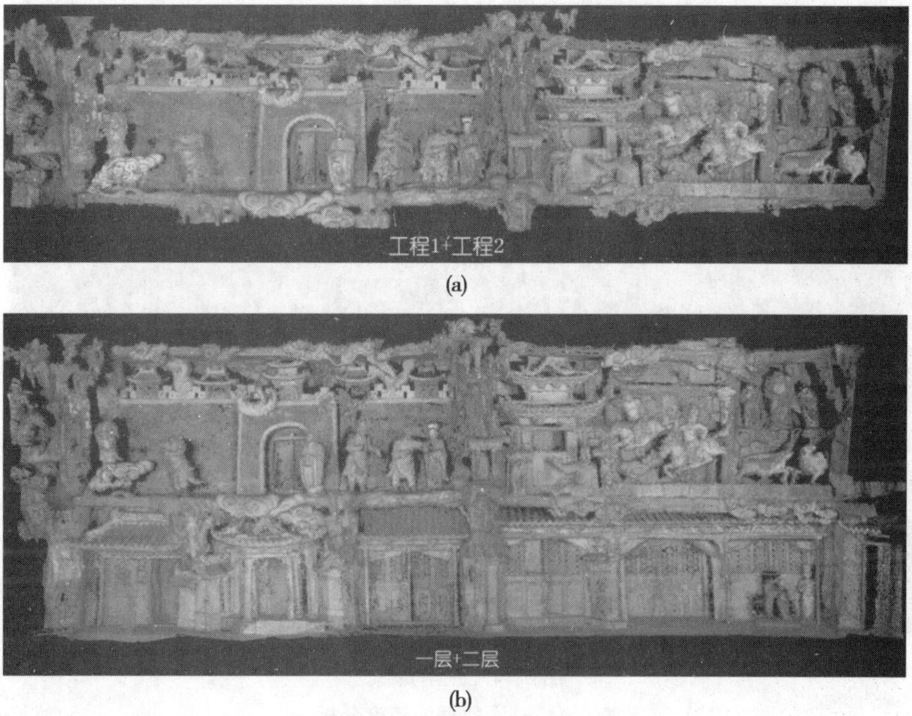

图 6-42　RGB 点云融合

(2)自动纹理映射模型,如图 6-43 所示。

(3)制作正射影像,如图 6-44 所示。

(四)精度评价

1. 一层数据成果的精度分析

一层的影像生成的彩色点云的空三精度和单位权中误差分析如表 6-3 所示。

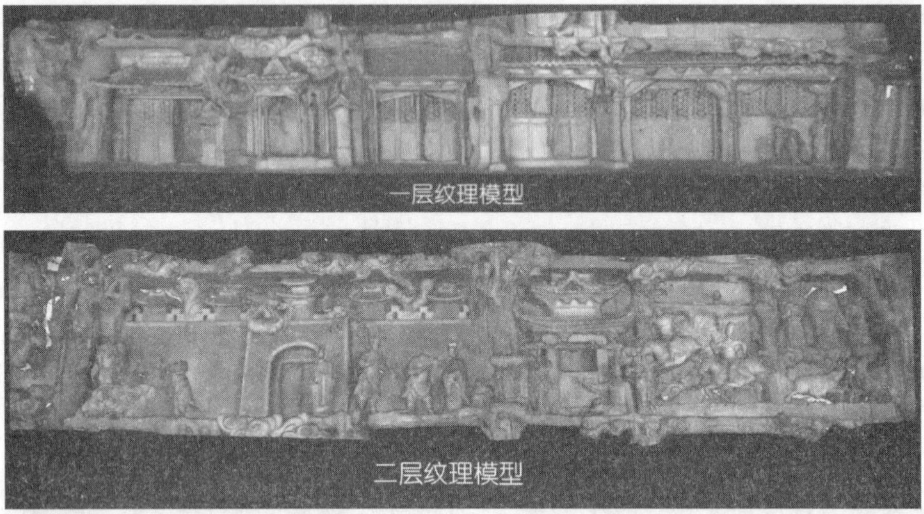

图 6-43　纹理映射

图 6-44　正射影像

表 6-3　一层数据的精度分析　（单位：mm）

工程	空三精度			单位权中误差
	$R_{ms\ x}$	$R_{ms\ y}$	$R_{ms\ z}$	
工程 1	0.3	0.5	0.2	1.7
工程 2	0.3	0.5	0.1	2.0

2. 二层的数据成果的精度分析

二层的影像生成的彩色点云的空三精度和单位权中误差分析如表 6-4 所示。

表6-4　二层数据的精度分析　(单位:mm)

工程	空三精度			单位权中误差
	$R_{ms\ x}$	$R_{ms\ y}$	$R_{ms\ z}$	
工程1	0.4	0.7	0.3	1.8
工程2	0.3	1.0	0.2	1.9

(五)案例总结

基于多基线数字近景摄影测量技术实施的双林寺古建的高保真三维重建项目,具有高精度、高效率、数据成果丰富(包括RGB点云DSM、DOM、纹理模型、立面图、等值线图等)的特点,能满足文物数字信息建库存储、变形监测、保护修复、研究以及弘扬展示的需要。

第五节　城市规划案例

一、房屋立面图绘制

(一)影像采集

某高校宿舍楼,楼层高约16 m,摄距约10 m,依次从左往右拍摄6张影像,相邻两张影像之间重叠度达到80%,最大仰角达到60°。全站仪一共测10个点,通过数字近景摄影测量系统Lensphoto处理得到被摄物点云DSM及正射影像,根据正射影像绘制立面图。

(二)数据成果

通过影像匹配得到三维点云,如图6-45所示。

图6-45　RGB彩色点云

制作的正射影像数据如图6-46所示。

生成的立面图如图6-47所示。

将正射影像图和立面图套合,如图6-48所示,可提供量测等功能。

(三)精度分析

本案例的空三精度和单位权中误差分析如表6-5所示。

图 6-46　正射影像

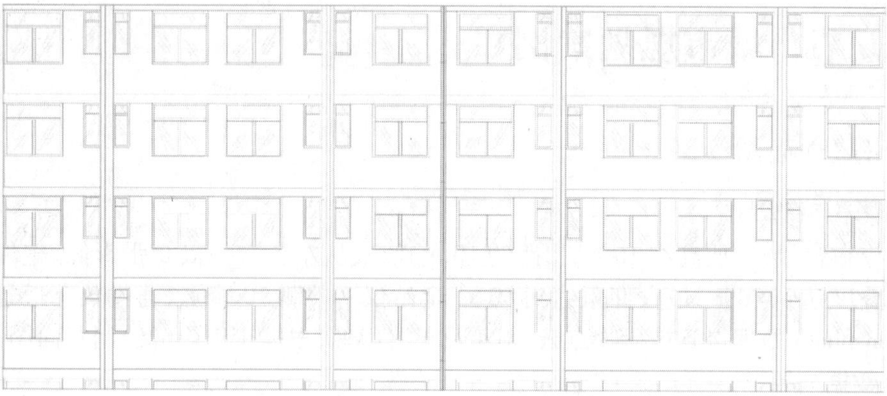

图 6-47　立面图

图 6-48　正射影像图与立面图套合

表 6-5　精度分析

（单位：m）

$R_{ms\ x}$	$R_{ms\ y}$	$R_{ms\ z}$	R_{ms}	重投影误差
0.003 1	0.001 1	0.004 0	0.005 2	0.002 003

（四）案例总结

近景摄影测量影像数据采集最大仰角已经超过60°，基本能满足旧房改造工程在小区内狭小地形拍摄的要求，解决拍摄仰角问题后，近景摄影测量在城建规划方面的应用更加高效、便捷。

二、旧城改造工程

旧城改造项目俗称“穿衣戴帽”工程，即城市街道风貌塑造工程主要项目包括临街和旅游沿线房屋的屋顶、墙面、防盗栏、雨篷、空调室外机位、店招等的整治以及底层商铺卷帘门改玻璃门。“穿衣戴帽”工程的测量需求：绘制街面建筑立面图。工程建筑立面图绘制步骤如下。

（一）影像采集

（1）相机型号：Canon EOS 5D Mark Ⅲ，像幅5 760×3 840，像素大小0. 006 25，镜头焦距28 mm。

（2）拍摄影像：平行摄影，15张影像，如图6-49所示。

（3）拍摄距离：9 m。

图6-49　工程影像

（二）控制点测量

共设置11个控制点。

（三）数据处理过程

（1）采集的影像导入软件自动匹配生成RGB彩色点云，如图6-50所示。

图6-50　RGB彩色点云

（2）通过自动纹理映射生成三维模型，如图6-51所示。

（3）采用正射影像测图模块可视化的绘制立面图，如图6-52所示。

图 6-51　三维纹理模型

(a) 正射影像图

(b) 建筑立面图

图 6-52　绘制立面图示意图

（四）精度评价

本案例生成的彩色点云的空三精度和单位权中误差分析如表 6-6 所示。

表 6-6　精度分析

（单位：mm）

空三精度			单位权中误差
$R_{ms\ x}$	$R_{ms\ y}$	$R_{ms\ z}$	
0.2	0.7	0.7	1.7

参考文献

[1] 冯文灏. 近景摄影测量[M]. 武汉:武汉大学出版社,2002.
[2] 王春祥,李晓,盛庆伟. 航空摄影测量学[M]. 郑州:黄河水利出版社,2011.
[3] 张祖勋. 数字摄影测量[M]. 武汉:武汉大学出版社,2009.
[4] 王之卓. 摄影测量原理[M]. 武汉:武汉大学出版社,1979.
[5] 张祖勋,张剑清. 数字摄影测量学[M]. 武汉:武汉大学出版社,2017.
[6] 柯涛. 旋转多基线数字近景摄影测量[D]. 武汉:武汉大学,2008.
[7] 邱冬炜,丁克良,黄鹤,等. 变形监测技术与工程应用[M]. 武汉:武汉大学出版社,2016.
[8] 李德仁,周月琴,金为铣. 摄影测量与遥感概论[M]. 北京:测绘出版社,2004.
[9] 冯文灏. 回光反射标志的性能与使用[J]. 测绘通报,1993(4):12-14.
[10] 冯文灏,李欣,高新乔. 近景摄影测量的标志与坐标传递件[J]. 测绘信息与工程,2000(3):20-24.
[11] 郭诠水. 数码相机大观[M]. 北京:北京希望电子出版社,2002.
[12] 黄桂平,范生宏,贺磊,等. 视觉测量技术在大型天线模胎检测中的应用[J]. 地理空间信息,2004,2(6):29-30.
[13] 黄桂平,钦桂勤,范亚兵,等. 高温锻件尺寸摄影测量系统外部参数标定方法[J]. 测绘科学技术学报,2013,30(3):260-263.
[14] 冯文灏. 数码相机实施摄像测量的几个问题[J]. 测绘信息与工程,2002,27(3):3-5.
[15] 冯文灏,商浩亮,侯文广. 影像的数字畸变模型[J]. 武汉大学学报(信息科学版),2006,31(2): 99-103.
[16] 段发阶,张健新,叶声华. CCD 摄相机参数标定新技术[J]. 计量学报,1997,18(4):294-299.
[17] 高立志,方勇,林志航. 立体视觉测量中摄相机标定的新技术[J]. 电子学报,1999,27(2):12-14.
[18] 黄桂平,李小勇,钦桂勤. 数码相机内参数的实验场法标定[J]. 测绘学院学报,2005,22(3):163-165.
[19] 姜大志,宋闵,刘淼,等. 数码相机标定方法研究[J]. 南京航天航空大学学报,2001,33(1):55-59.
[20] 李春艳,王立,卢欣,等. 一种双目立体视觉相机标定方法[J]. 空间控制技术与应用,2010,36(3):51-54.
[21] 李德仁,袁修孝. 误差处理与可靠性理论[M]. 武汉:武汉大学出版社, 2002.
[22] 邱茂林,马颂德,李毅. 计算机视觉中摄相机定标综述[J]. 自动化学报,2000(1):43-55.
[23] 权铁汉,于起峰. 摄影测量系统的高精度标定与修正[J]. 自动化学报,2000,26(6): 748-755.
[24] 王元汉,李丽娟,李银平. 有限元法基础与程序设计[M]. 广州:华南理工大学出版社,2000.
[25] 吴斌,薛婷,朱继贵,等. 一种立体视觉测量高精度标定新方法[J]. 光电工程, 2005, 32(12): 66-70.
[26] 于宁锋. 数字摄影测量系统中非量测 CCD 相机标定算法[J]. 辽宁工程技术大学学报,2007, 26(2): 190-193.
[27] 杨化超,张书毕,刘超. 基于灭点理论和平面控制场的相机标定方法研究[J]. 中国图象图形学报,2010,15(8):1168-1173.
[28] 杨雪荣,张湘伟,成思源,等. 视觉测量中的相机标定方法进展研究[J]. 机械设计与制造, 2009(3): 259-261.
[29] 詹总谦,张祖勋,张剑清. 基于 LCD 平面格网和有限元内插模型的相机标定[J]. 武汉大学学报(信息

科学版),2007,32(5):394-397.
[30] 郑逢杰,余涛,袁国体. 相机几何标定方法综述[J]. 太原科技,2010(2):72-73.
[31] 贾超广,陶占杰,张爽,等. 高速摄影测量系统中双相机同步技术的实现[J]. 测绘科学技术学报,2009,26(1):76-78.
[32] 李广云,李宗春. 工业测量系统原理与应用[M]. 北京:测绘出版社,2011.
[33] 李尚英. 定向反光材料[J]. 建筑工人,1995(8):32-33.
[34] 潘勤敏,潘茂植. 逆向反光材料研究现状分析[J]. 化工新型材料,1997(3):29-31.
[35] 王庆有. 图像传感器应用技术[M]. 北京:电子工业出版社,2003.
[36] 颜志刚. 摄影技艺教程[M]. 上海:复旦大学出版社,1999.
[37] 王东红,罗均,胡銮峰,等. 摄像机标定中的直接线性变换法[J]. 机械与电子,2006(9):9-11.
[38] 李前进,张熙,王寅龙,等. 基于直接线性变换法的视频图像解析[J]. 无线电工程,2013,43(3):47-50.
[39] 高昭良. 基于多基线数字近景摄影测量的滑坡监测系统研究[J]. 城市勘测,2015(2):5-9.
[40] 解斐斐. "近景摄影测量"本科教学改革与创新能力培养[J]. 测绘地理信息,2017,42(1):119-123.
[41] 赵红强,成晓倩,韩瑞梅. 多基线数字近景摄影测量在建筑工程中的应用[J]. 测绘与空间地理信息,2016(12):33-36.
[42] 袁清洌,吴学群. 基于 Lensphoto 系统的多基线近景摄影测量在大比例尺测图中的应用[J]. 工程勘察,2016,44(7):63-67.
[43] 王勇,黄桂平,杨天克. 毫米波天线形面精度摄影测量技术及实践[J]. 微波学报,2017,33(S1):317-319.
[44] 李天子,刘志奇,杨振明,等. 基于近景摄影测量的基坑土方量计算及精度评价[J]. 测绘工程,2017,26(9):36-41.
[45] 梁晓娜. 近景摄影测量在边坡变形监测中的研究[D]. 长春:吉林建筑大学,2015.
[46] 吴亚娜. 近景摄影测量在边坡变形监测中的应用研究[D]. 昆明:昆明理工大学,2017.
[47] 白洪伟,李进,穆星. 近景摄影测量在地下三维重建中的应用[J]. 沈阳大学学报(自然科学版),2016,28(3):223-226.
[48] 康向阳. 近景摄影测量在矿区开采沉陷监测中的应用[J]. 北京测绘,2017(4):73-75.
[49] 姜如波. 基于倾斜摄影和近景摄影技术的实景三维模型制作[J]. 城市勘察,2018(3):95-99.
[50] 柯涛,张祖勋,张剑清. 旋转多基线数字近景摄影测量[J]. 武汉大学学报(信息科学报),2009,34(1):44-47.
[51] 唐燕. 基于近景摄影测量的文物三维重建研究[D]. 西安:西安科技大学,2013.
[52] 张祖勋,杨生春,张剑清,等. 多基线-数字近景摄影测量[J]. 地理空间信息,2007,5(1):01-04.
[53] 王昌翰,向泽君,刘洁. 三维激光扫描技术在文物三维重建中的应用研究[J]. 城市勘察,2010(6):67-71.
[54] 刘晓文,徐工,杨晓琳. 地面三维激光扫描与近景摄影测量技术集成应用[J]. 山东理工大学学报(自然科学版),2018,32(5):53-58.
[55] 黄桂平. 数字近景工业摄影测量理论、方法与应用[M]. 北京:科学出版社,2016.
[56] 李国玉. 室内定规移动摄影测量控制系统的设计与实现[D]. 青岛:山东科技大学,2011.
[57] 龚涛. 近景摄影测量控制点布设方案的研究[J]. 西南交通大学学报,1997(3):331-335.
[58] 冯文灏. 近景摄影测量的控制[J]. 武汉测绘科技大学学报,2000,25(5):453-458.
[59] 马丽霞,王凤艳,张元元. 近景摄影测量中活动控制系统的设计与实现[J]. 世界地质,2013,32(3):612-618.
[60] 杜小宇. 数字近景摄影测量系统精度分析和控制[D]. 南京:南京航空航天大学,2008.

[61] 全斌,赵国梁.近景摄影测量中野外活动控制架的确定方法[J].测绘标准化,2004(2):26-29.
[62] 程效军.数字近景摄影测量在工程中的应用研究[D].上海:同济大学,2002.
[63] 赵红强,成晓倩,韩瑞梅.多基线数字近景摄影测量在建筑工程中的应用[J].2016,39(12):33-37.
[64] 王凤艳,陈剑平,庞贺民.应用数字近景摄影测量提取岩体裂隙迹长信息方法研究[J].2006,25(1):39-43.
[65] 王凤艳.数字近景摄影测量快速获取岩体裂隙信息的工程应用[D].长春:吉林大学,2006.
[66] 马丽霞.基于活动控制 - 近景摄影测量的岩体结构面几何信息的快速获取[D].长春:吉林大学,2010.
[67] 刘子侠.基于数字近景摄影测量的岩体结构面信息快速采集研究应用[D].长春:吉林大学,2009.
[68] 张秀平.基于近景摄影测量的植物生长量量测方法研究[D].长沙:中南大学,2008.
[69] 程效军,朱鲤.数字近景摄影测量中的相对控制条件与平差计算[J].遥感信息,2002(4):35-39.
[70] 陆珏,陈义,郑波.多基线近景摄影测量连续像对相对定向[J].同济大学学报,2010,38(3):442-448.
[71] 张剑清,胡安文.多基线摄影测量前方交会方法及精度分析[J].武汉大学学报(信息科学版),2007,32(10):847-852.
[72] 张东霞.近景摄影测量和三维渲染技术在建筑物精细建模中的应用[D].泰安:山东农业大学,2015.
[73] 辛晓岗.关于近景摄影测量及三维建模探究[JB/OL].基层建设,2015(11).
[74] 白洪伟,李进,穆星.近景摄影测量在地下三维重建中的应用[J].沈阳大学学报,2016,28(3):223-227.
[75] 郑德华,杨林.数字近景摄影测量辅助三维激光影像扫描的建筑物表面数据采集系统[J].建筑科学,2004,20(4):75-80.
[76] 杨育桢.数字近景摄影测量在古文物三维重建中的应用研究[D].西安:西安科技大学,2012.
[77] 唐燕.基于近景摄影测量的文物三维重建研究[D].西安:西安科技大学,2013.
[78] 刘千里,李春友,柳瑞武,等.多基线数字近景摄影测量系统在古典园林建筑物三维重建中的应用[J].西北林学院学报,2009,24(4):224-227.
[79] 刘胜震.三维激光扫描与数字近景摄影测量技术在桥梁变形监测中的应用研究[D].青岛:山东科技大学,2013.
[80] 赵国强.基于三维激光扫描与近景摄影测量数据的三维重建精度对比研究[D].焦作:河南理工大学,2012.
[81] 胡春梅,王晏民.地面激光雷达与近景摄影测量技术集成[M].北京:测绘出版社,2017.
[82] 黄厚圣.地面三维激光扫描技术在文物保护中的应用研究[D].西安:长安大学,2014.
[83] 张剑清,潘励,王树根.摄影测量学[M].武汉:武汉大学出版社,2003.
[84] 王学.基于多视角影像的三维模型纹理映射研究[D].长沙:中南大学,2014.
[85] 喻梦哲,林溪.基于三维激光扫描与近景摄影测量技术的古典园林池山部分测绘方法探析[J].风景园林,2017(2):117-123.
[86] 王晏民,胡春梅.一种地面激光雷达与近景摄影测量数据的高精度配准方法:中国,CN201310717984.0[P].2014-04-23.
[87] 周源.基于三维激光扫描的近景摄影测量系统的研究[D].郑州:解放军信息工程大学,2004.
[88] 冯文灏.近景摄影测量的基本技术提要[J].测绘科学,2000,25(4):26-31.
[89] 陈新玺.多基线普通数码影像近景摄影测量技术研究[D].南京:河海大学,2006.
[90] 冯海涛.基于普通数码相机的隧道影像匹配研究[D].北京:北京交通大学,2008.
[91] 李丑荣,苗天宝,李永生,等.全数字摄影测量技术在莫高窟崖面保护中的应用[J].遥感技术与应用,2004,5(1):395-401.
[92] 黄桂平.数字近景工业摄影测量关键技术研究与应用[D].天津:天津大学,2005.

[93] 韩东亮. 数字近景摄影测量获取岩体结构面几何信息的方法研究 [D]. 长春:吉林大学,2014.
[94] 李振涛,许妙忠. 数字近景摄影测量在古建筑物重建中的应用研究[J]. 测绘信息与工程,2007,32(4):8-9.
[95] 张慧. 真实感古遗址三维重建及虚拟展示技术研究与应用[D]. 西安:西北大学,2010.
[96] 陈付幸. 基于非定标图像序列的三维重建关键技术研究[D]. 长沙:国防科学技术大学,2005.
[97] 桂德竹. 基于组合宽角相机低空影像的城市建筑物三维模型构建研究[D]. 北京:中国矿业大学,2010.
[98] 梁声. 反向工程中数字近景摄影测量系统三维光学测量关键技术研究[D]. 上海:上海交通大学,2008.
[99] 万艳丽. 多尺度多视点密集点云重构算法的研究[D]. 北京:北京交通大学,2012.
[100] 杨彪. 基于普通数字影像的近景摄影测量技术研究与应用 [D]. 南京:河海大学,2006.
[101] 周拥军. 基于未检校 CCD 相机的三维测量方法及其在结构变形监测中的应用 [D]. 上海:上海交通大学,2007.
[102] 陈清平,李爱善,洪亮,等. 近景摄影测量技术在铁路桥隧设计中的应用[J]. 地理空间信息,2004,2(8):17-19.
[103] 吴纯洁. 主动近景摄影测量的研究与应用[D]. 西安:长安大学,2005.
[104] 桑中顺. 隧道变形监测中的近景摄影测量技术研究[D]. 上海:同济大学,2008.
[105] 张祖勋. 从数字摄影测量工作站(DPW)到数字摄影测量网格(DPGrid)[J]. 武汉大学学报(信息科学版),2007,32(7):565-571.
[106] 程效军,罗武. 近景摄影测量在人体骨架模型测量中的应用研究[J]. 遥感信息,2002(1):35-38.
[107] 刘学峰,任甫,席焕久. 面部特征及软组织测量方法的研究进展[J]. 解剖科学进展,2011,17(2):178-180.
[108] 贺跃光,王秀美,曾卓乔. 数字化近景摄影测量系统及其应用[J]. 矿冶工程,2001,21(4):1-3.
[109] 李天子,郭辉. 多基线近景摄影测量的平面地表变形监测[J]. 辽宁工程技术大学学报,2013(8):1098-1102.
[110] 张胜利,殷海霞,刘强. 多基线数字近景摄影测量系统的应用分析[J]. 测绘技术装备,2009(1):27-30.
[111] 王萍. 近景摄影测量技术应用的回顾[J]. 铁道工程学报,2006(S1):168-174.
[112] 胡运海. 近景摄影测量技术在滑坡监测中的运用[D]. 成都:成都理工大学,2009.
[113] 周克勤. 近景摄影测量技术在数字城市中的应用[J]. 北京测绘, 2007(1):42-46.
[114] 梁菲. 近景摄影测量在桥梁变形监测中的应用[D]. 重庆:重庆交通大学,2010.
[115] 刘亚文. 利用数码像机进行房产测量与建筑物的精细三维重建[D]. 武汉:武汉大学,2004.
[116] 李德仁. 论可量测实景影像的概念与应用——从 4D 产品到 5D 产品[J]. 测绘科学,2007,32(4):5-7.
[117] 张祖勋. 数字摄影测量的发展与展望[J]. 地理信息世界,2004,2(3):1-5.
[118] 韩东亮,黄润秋,王凤艳. 基于 VirtuoZo 的近景普通数码影像的三维建模[J]. 测绘通报,2014(11):21-24.
[119] 李闯. 基于普通数码相机的建筑物立面测绘[J]. 测绘技术装备,2017,19(2):90-93.
[120] 欧志坚. 数字摄影测量在道路选线中的应用[J]. 重庆交通大学学报(自然科学版),2007,26 (S1):95-98.
[121] 邱兆文. 文物三维重建关键技术[J]. 电子学报,2008(12):2423-2427.
[122] 刘凤英,陈天恩,王冬,等. 一种五拼组合宽角近景摄影测量相机的研制[J]. 测绘科学,39(4):102-105.

[123] 张大春,王国民. 正射影像图技术在铁路勘测中的应用与发展[J]. 铁路工程学报,2007(1):20-26.
[124] 回丙伟. 非量测相机检校与目标运动参数测量方法研究[D]. 长沙:国防科学技术大学,2013.
[125] 何勇. 大型高浮雕石质文物的数字化探索——以云冈石窟为例[J]. 中国文化遗产,2016(2):30-33.
[126] 朱黎. 基于点云和高清影像数据的文化遗产多分辨率三维重建[J]. 测绘通报,2017(10):111-119.
[127] 王国利. 多源数据古塔变形监测研究[J]. 地球信息科学,2018(4):496-504.
[128] 张宏伟. 基于遥感影像与点云数据的建筑物三维重建技术研究[D]. 郑州:解放军信息工程大学,2017.
[129] 李彩林,张剑清,郭宝云. 利用近景摄影测量技术的滑坡监测新方法[J]. 计算机工程与应用,2011,47(3):6-8.
[130] 闫海庆. 基于非量测数码相机的近景摄影测量数据处理方法研究[D]. 长沙:中南大学,2006.
[131] 胡敏捷. 利用非量测数字相机进行近景摄影测量研究[D]. 上海:同济大学,2001.
[132] 苍桂华. 非量测数码影像的量测应用方法研究[D]. 南京:河海大学,2005.
[133] 方源敏. 多基线普通数码相机近景摄影测量精度研究[D]. 昆明:昆明理工大学,2013.